# Le Vide, l'Énergie et la Matière

*Un essai de physique théorique*

Gérard Berger

# Le Vide, l'Énergie et la Matière

*Un essai de physique théorique*

L'Harmattan

5-7, rue de l'École-Polytechnique – 75005 Paris

www.editions-harmattan.fr

ISBN : 978-2-343-13953-1
EAN : 9782343139531

# SOMMAIRE

# INTRODUCTION

Selon les anciens Grecs, la lumière venant des étoiles devait se propager par l'intermédiaire d'un fluide, qu'ils appelaient « éther », remplissant l'espace sidéral vide de matière. Pour rendre compte des différents phénomènes physiques observés par la suite, ce fluide devait présenter des propriétés inconciliables : il devait être rigide pour permettre la transmission d'ondes transversales, mais fluide pour ne pas gêner le mouvement des astres, immobile dans l'espace absolu, ou lié (partiellement ou totalement) aux objets qui s'y meuvent, comme la Terre, être incompressible, non dispersif et sans viscosité.

La lumière était supposée être de nature ondulatoire pour certains et corpusculaire pour d'autres, ce qui ne nécessitait pas dans ce cas l'existence d'un milieu de propagation. Einstein fit la synthèse des deux courants en imaginant des particules ayant les propriétés d'une onde. Sa position au sujet de l'éther était assez complexe et restrictive. Adepte de cette théorie à ses débuts lorsqu'il était étudiant, il contribua, par sa théorie de la Relativité, à la rendre inutile. Mais il précisait : « Une réflexion plus attentive nous apprend pourtant que cette négation de l'éther n'est pas nécessairement exigée par le principe de la Relativité Restreinte » et « d'après la théorie de la Relativité Généralisée, l'espace est doué de propriétés physiques ; dans ce sens, par conséquent, un éther existe (...). Cet éther ne doit cependant pas être conçu comme étant doué de la propriété qui caractérise les milieux pondérables, c'est-à-dire comme constitué de parties pouvant être suivies dans le temps : la notion de mouvement ne doit pas lui être appliquée ».

Par suite de nombreuses critiques, au cours du XX$^{E}$ siècle, la notion d'éther fut progressivement abandonnée : Poincaré a finalement conclu que « Peu nous importe que l'éther existe réellement (...), cette hypothèse est commode pour l'explication des phénomènes (...). Un jour viendra sans doute où l'éther sera rejeté comme inutile ».

Lorentz en resta cependant partisan : « Si nous n'aimons pas le nom d'éther, nous devons utiliser un autre mot, comme *patère*, pour y accrocher toutes ces choses... On ne peut nier au porteur de ces concepts une certaine réalité ».

Et Dirac affirmait encore en 1951 : « Nous sommes forcés d'avoir un éther ».

D'autre part, les nouvelles propriétés du vide mises en évidence ces dernières décennies (énergie du vide, énergie sombre) ne sont pas sans rappeler celles de l'éther...

Une variante de cette théorie a servi à rendre compte du phénomène de gravitation : pour Fatio, et Le Sage, les particules de matière étaient bombardées par des corpuscules infiniment plus petits qu'elles, animés de grande vitesse et sans interaction entre eux. L'attraction gravitationnelle entre deux particules était due à la protection que chacune d'elles procurait à l'autre vis-à-vis de ce bombardement.

Après un regain d'intérêt à la fin du XIX$^{e}$ siècle, cette théorie fut vivement critiquée, rendue caduque par la Relativité Généralisée et tomba en désuétude parmi la communauté scientifique. Les auteurs qui tentent de la réhabiliter se comptent actuellement sur les doigts de la main.

Dans cet essai, à partir d'hypothèses simples, ne nécessitant pas l'utilisation de géométrie non euclidienne ou de dimensions supplémentaires de l'espace, nous réfutons les principales critiques émises contre la théorie de la gravitation de Fatio et de Le Sage et nous l'étendons aux autres types de forces (électriques, électromagnétiques, et nucléaires).

Nous montrons également que l'éther peut rendre compte de différents phénomènes optiques, comme la polarisation de la lumière, bien que celle-ci soit supposée être une vibration longitudinale de l'éther, ainsi que l'aberration de la lumière venant des étoiles ou les expériences de Michelson et de Fizeau.

Enfin, nous proposons un schéma de l'évolution de l'univers, comme composé d'éther et de matière issue de la formation d'ondes stationnaires en son sein.

# ORIGINE
# DES DIFFÉRENTES FORCES

## *Gravitation*

Selon la théorie de N. Fatio [1] et G. L. Le Sage [2], une particule élémentaire isolée recevrait des corpuscules de l'éther des quantités de mouvement égales dans toutes les directions et la force résultante serait nulle.

L'attraction entre deux masses matérielles *A* et *B* serait due à l'effet d'écran que chacune d'elles procure à l'autre vis-à-vis des impacts de ces corpuscules.

*A* serait protégé par la masse de *B* de l'action des corpuscules circulant dans l'angle solide sous-tendu par *B* depuis le centre de *A*, mais serait soumis au bombardement des corpuscules de l'angle opposé (figure **1**). La résultante des quantités de mouvement des corpuscules circulant dans toutes les autres directions serait nulle. Réciproquement, *A* protègerait *B* des corpuscules de l'angle solide sous-tendu par *A* depuis le centre de *B* mais serait soumis à l'action des corpuscules de l'angle solide opposé. Il en résulterait une attraction mutuelle des deux particules.

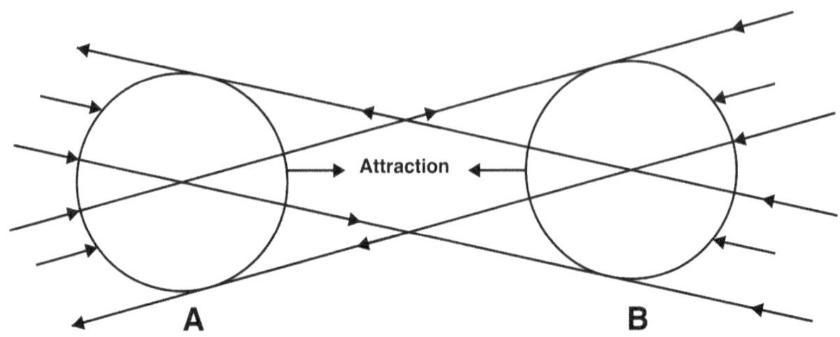


**Figure 1**
Attraction gravitationnelle entre deux particules sphériques

A est protégé par B des corpuscules circulant dans l'angle solide que B sous-tend du centre de A mais est soumis à l'action de ceux circulant dans l'angle solide opposé. La résultante des quantités de mouvement dans toutes les autres directions est nulle. Il en est de même pour B et il y a attraction entre A et B.

Cette théorie a été adoptée par différents auteurs : F. Keller et E. Keller [3], L. de Boisbaudran [4]. Ils ont supposé que les forces de gravitation seraient dues à des ondes longitudinales se propageant dans toutes les directions et perdant une partie de leur quantité de mouvement après impact sur des particules matérielles. Elle a peut-être été redécouverte par B. Bourbon [5], qui n'a pas mentionné les auteurs précédents.

L'hypothèse de Fatio-Le Sage est à la base de notre théorie de la gravitation [6] :

La quantité de mouvement frappant la surface de $A$ pendant le temps $dt$ est : $VdtS\rho V=\rho V^2Sdt$ où $V$ est la vitesse quadratique moyenne des corpuscules, $S$ la surface de la particule $A$ et $\rho$ la masse spécifique du vide.

Cette quantité de mouvement est supposée être émise de nouveau par $A$ de façon isotrope et la fraction des corpuscules atteignant la particule $B$ est $\frac{S'}{4\pi r^2}$, où $S'$ est la surface de la section droite de $B$ et $r$ la distance entre $A$ et $B$.

La force attractive de $A$ exercée sur $B$ est $F_B = \frac{\rho V^2 S S'}{4\pi r^2}$ et, par symétrie, $F_A = F_B$.

Nous considérons que les corpuscules constituent un gaz parfait dans lequel des vibrations longitudinales peuvent se propager à la vitesse $c' = \sqrt{\frac{\gamma k_B T}{m}}$, où $\gamma$, $k_B$, $T$ et $m$ sont respectivement le coefficient adiabatique, la constante de Boltzmann, la température et la masse des corpuscules.

$\gamma = 1 + \frac{2}{n}$, où $n$ est le nombre de degrés de liberté. Comme les corpuscules circulent en ligne droite, ils n'ont qu'un degré de liberté et $\gamma = 3$. Par ailleurs, selon la théorie des gaz parfaits, la vitesse quadratique des corpuscules est $V = \sqrt{\frac{3 k_B T}{m}}$. Donc $V = c'$.

Nous ferons l'hypothèse supplémentaire que ces vibrations longitudinales se déplacent à la vitesse de la lumière :

$c' = c = 2{,}99792 \,.\, 10^{10}$ cm/s.

$$\text{Donc } F = \frac{\rho c^2 S S'}{4\pi \cdot r^2} \quad (1).$$

La possibilité que ce genre de vibrations puisse avoir la propriété de polarisation sera discutée dans un autre chapitre.

La constante gravitationnelle $G$ est définie par la relation :

$$F = \frac{G M M'}{r^2} \quad (2)$$

et est mesurée entre deux masses $M$ et $M'$ relativement faibles (en laboratoire), ou très éloignées l'une de l'autre (entre étoiles et planètes).

L'accélération due à une masse $M$ est donc $\frac{GM}{r^2}$ et l'énergie potentielle $-\frac{GMM'}{r}$, selon la théorie de la gravitation de Newton.

Les corpuscules de gravitation sont supposés avoir une masse $m$ et être soumis à l'attraction des masses matérielles, l'effet n'étant visible que lorsque celles-ci sont très grandes, comme dans le cas des étoiles ou des planètes.

L'accélération produite par une masse matérielle $M$ sur un corpuscule de gravitation $m$ devrait être deux fois plus grande que celle produite sur une autre masse matérielle $M'$ : $M'$ étant plusieurs ordres de grandeur plus importante que $m$, la quantité de mouvement qu'elle reçoit est supposée être absorbée, tandis qu'il y aurait choc élastique entre un corpuscule provenant de $M$ et ceux, de même masse provenant de la direction opposée. Il y aurait dans ce dernier cas changement de sens de propagation de $m$ qui recevrait une accélération double de celle reçue par les masses matérielles.

L'attraction de $m$ due à $M$ serait $F=2\frac{GMm}{r^2}$ et son énergie potentielle serait $-2\frac{GMm}{r}$. L'énergie du corpuscule $m$ serait $\frac{1}{2}mc^2$ quand il est loin de $M$ et deviendrait $\frac{1}{2}mV^2-2\frac{GMm}{r}$ quand il est soumis à l'attraction de $M$.

Comme l'énergie totale est constante, on aurait :

$$V^2=c^2\left(1+4\frac{GM}{rc^2}\right) \quad (3)$$

En conséquence, la constante de gravitation G', au voisinage d'importantes masses matérielles, serait telle que :

$$\frac{\rho V^2 SS'}{4\pi\cdot r^2}=\frac{G'MM'}{r^2} \text{, donc } \frac{\rho c^2\left(1+4\frac{GM}{rc^2}\right)SS'}{4\pi\cdot r^2}=\frac{G'MM'}{r^2}$$

Selon (1) et (2), on aurait : $G'=G\left(1+4\frac{GM}{rc^2}\right)$ (4).

## Critiques de la théorie de Fatio-Le Sage

La théorie de Fatio-Le Sage a soulevé de sévères critiques concernant l'absorption d'énergie et l'augmentation de masse et de température des particules de matière, la résistance au mouvement, la saturation gravitationnelle et l'aberration de la lumière des étoiles lointaines.

### - Augmentation de masse et d'énergie

Il est logique de penser que la masse et la température des particules élémentaires, continuellement bombardées par des corpuscules, puissent augmenter, surtout si la vitesse de ces derniers est plus grande que la vitesse de la lumière.

L'énergie provenant de corpuscules de vitesse $c$, reçue par seconde par une particule élémentaire (par exemple un proton, de rayon 0,84184 $.10^{-13}$ cm [7]), est :

$$\frac{1}{2}\rho c^2 c\cdot 4\pi\cdot(0{,}84184)^2\cdot 10^{-26}$$

D'après (1) et (2) :

$$\rho c^2\pi\left((0{,}84184.)^2 10^{-26}\right)^2 = GM^2$$

L'énergie du proton étant $Mc^2$, le pourcentage d'augmentation par seconde de l'énergie (ou de la masse) est :

$2\dfrac{GM}{c\cdot(0{,}84184)^2 10^{-26}} = 1{,}0508\ .10^{-15}$, ce qui est très faible.

Si de plus, comme nous en ferons plus loin l'hypothèse, seulement une infime fraction $k$ de l'énergie des corpuscules est absorbée par la matière non chargée, cet effet serait encore moins important.

La véritable réponse à cette question a été apportée par Thomson [8], qui fit l'hypothèse que l'énergie des corpuscules de l'éther absorbée par une particule élémentaire serait intégralement convertie en radiation émise de façon isotrope. En conséquence, la masse et la température des particules resteraient constantes. Une partie des corpuscules qui constituent le vide donnant naissance à des ondes, ces deux entités pourraient être considérées comme interchangeables.

Cette émission d'ondes modifie-t-elle l'attraction gravitationnelle ? Considérons deux particules $A$ et $B$, de rayon $R$ et de surface $S$, séparées par la distance $r$. La différence entre la quantité de mouvement des corpuscules ayant traversé $A$ et dirigés vers $B$ et celle des corpuscules circulant dans l'angle solide opposé et frappant $B$, pendant le temps $dt$, qui détermine la force d'attraction entre les deux particules, est : $Fdt = \frac{k^2 \rho c^2 S \cdot R^2 dt}{4r^2}$ (voir plus loin). Cette quantité de mouvement serait émise de nouveau de façon isotrope et une fraction $\frac{\pi R^2}{4\pi r^2}$ atteindrait la particule $A$. Comme les dimensions des particules sont plusieurs ordres de grandeurs plus petites que les distances entre elles, la perturbation de la force de gravitation serait négligeable.

### - Résistance au mouvement

Il a été objecté qu'une masse matérielle se déplaçant dans le vide défini par la théorie de Fatio-Le Sage serait soumise à une force de freinage proportionnelle à $SuV$ où $S$ est la surface de la section droite des particules, $u$ leur vitesse, et $V$ la vitesse des corpuscules gravitationnels. Afin d'avoir un rapport maximum entre la force de gravitation (proportionnelle à $V^2$) et la force de freinage, Poincaré [9] attribua une vitesse de 2,4 $10^{18}c$ aux corpuscules et conclut que la matière se vaporiserait immédiatement sous leur bombardement. Flandern, d'après des observations modernes, plaça la limite à $10^{10}c$ [10].

Cependant, à notre avis, la résistance au mouvement devrait être exactement nulle. Les particules élémentaires d'un objet en mouvement rectiligne uniforme sont continuellement bombardées par les corpuscules constituant l'éther et émettent des ondes dans toutes les directions. Il s'ensuit que la distribution des vitesses des corpuscules et des ondes à l'intérieur de cet objet est isotrope par rapport à lui et indépendante de sa vitesse. Donc la vitesse relative des particules élémentaires, par rapport au milieu les pénétrant, est nulle ainsi que la résistance au mouvement.

Cela revient à dire aussi que le milieu constitué par les corpuscules (l'éther) est entraîné par la matière qu'il pénètre. Cet entraînement est total et non pas partiel comme l'avait pensé Fresnel, après l'expérience de Fizeau (voir chapitre **Phénomènes lumineux**).

La constance de la vitesse de la lumière $c$ dans les référentiels galiléens, hypothèse de base de la théorie de la Relativité Restreinte de Lorentz, Poincaré et Einstein, est à rapprocher de celle des corpuscules de l'éther défini par Fatio et par Le Sage, modifié ensuite par Thomson et nous-mêmes. Les photons et les corpuscules ne seraient–ils pas comparables, par leur vitesse et l'absence d'interaction mutuelle ?

Tous les phénomènes observés dans les référentiels inertiels en mouvement (diminution des longueurs, allongement des temps, augmentation des masses longitudinales) et expliqués par la théorie de la Relativité Restreinte, peuvent l'être aussi par celle que nous exposons ici.

### - Proportionnalité avec les masses

Pour que les forces d'attraction soient proportionnelles aux masses inertielles, il ne doit pas y avoir de chevauchement des ombres des particules élémentaires entre elles, quelle que soit la direction. Si les distances entre molécules et atomes sont très grandes par rapport à leurs tailles, il n'en est pas de même pour les particules entassées dans les noyaux atomiques. Nous devons donc faire l'hypothèse que seulement une petite fraction $k$ de la quantité de mouvement ou de l'énergie des corpuscules est absorbée lorsque ceux-ci frappent les particules. Ainsi la quantité de mouvement des corpuscules traversant la particule sphérique $A$ de rayon $R$ et dirigés vers $B$ de même forme, pendant le temps $dt$ (cas de protons, de neutrons), est :

$$\frac{(1-k)\rho\cdot c^2\cdot 4\pi R^2\cdot \pi R^2\cdot dt}{4\pi\cdot r^2}=\frac{(1-k)\rho c^2\pi R^4 dt}{r^2}$$

La fraction $k$ serait absorbée par $B$, soit $\dfrac{k(1-k)\rho c^2\pi R^4 dt}{r^2}$.

Par ailleurs, le faisceau de corpuscules frappant $B$ et dirigé vers $A$, dans le même angle solide, transporte la quantité de mouvement

$\frac{\rho \cdot c^2 \pi \cdot R^4}{r^2} dt$, dont une fraction $k$ est absorbée par $B$. Donc la force de gravitation appliquée sur $B$, correspondant à la résultante des deux quantités de mouvement, est $F = \frac{k^2 \cdot \rho \cdot c^2 \cdot \pi \cdot R^4}{r^2}$.

Si $n$ particules $A$ isolées sont présentes, la force de gravitation est :

$F = n\frac{k^2 \cdot \rho \cdot c^2 \pi R^4}{r^2} = \frac{M \cdot k^2 \cdot \rho \cdot c^2 \pi R^4}{m r^2}$, où $M$ est la masse des $n$ éléments de masse $m$ et $r$ la distance de $B$ au barycentre des particules $A$.

S'il y a $n'$ particules $B$ isolées, de masse individuelle $m$ et de masse totale $M'$, l'attraction entre les deux masses totales est : $F = \frac{M \cdot M' k^2 \cdot \rho \cdot c^2 \pi R^4}{m^2 r^2} = \frac{k^2 \cdot \rho \cdot c^2 \pi R^4}{m^2} \cdot \frac{M \cdot M'}{r^2}$, où $r$ est la distance entre les deux barycentres.

Le terme $\frac{k^2 . \rho \cdot c^2 \cdot \pi \cdot R^4}{m^2}$ (5), de dimension $M^{-1}L^3\ T^{-2}$ représente la constante gravitationnelle $G$ (6,6743 $10^{-8}$ $g^{-1}cm^3\ s^{-2}$).

Après cette modification, la formule (4) reste inchangée : comme plus haut, la constante gravitationnelle près des masses importantes est définie par la relation $G' = \frac{k^2 \cdot \rho \cdot V^2 \cdot \pi R^4}{m^2}$.

Selon (3), inchangée,

$G' = \frac{k^2 \cdot \rho \cdot c^2 \left(1 + 4\frac{G \cdot M}{r c^2}\right) \cdot \pi R^4}{m^2}$, et comme $G = \frac{k^2 \cdot \rho \cdot c^2 \cdot \pi R^4}{m^2}$,

on a : $G' = G\left(1 + 4\frac{GM}{r c^2}\right)$, qui est la relation (4).

La valeur la plus récente du rayon du proton est :

$R = 0{,}84184.10^{-13}$ cm [7]. Nous admettrons que le rayon du neutron est identique.

De (5), on déduit $\rho\, k_p^2 = 1{,}316684\ 10^{-24}$ g/cm$^3$.

Cependant, on peut se demander si cette hypothèse reste valable dans le cas des étoiles à neutrons, dans lesquelles d'énormes quantités de neutrons sont entassées.

**- Étoiles à neutrons, trous noirs**

La densité d'un empilement compact de neutrons, de masse 1,67493 $10^{-24}$ g et de rayon $0{,}84184.10^{-13}$ cm est :

$$0{,}74\frac{1{,}67493\cdot 10^{-24}}{\frac{4}{3}\pi(0{,}84184)^3 10^{-39}}=0{,}496\cdot 10^{15}\ \text{g/cm}^3$$

(le terme 0,74 correspond à un empilement compact).

Le noyau des étoiles à neutrons est assimilable à ce modèle. Comme la taille de ces étoiles est de l'ordre de $10^5$ à $10^6$ cm, les corpuscules qui traversent $10^{18}$ à $10^{19}$ neutrons doivent perdre finalement toute leur énergie. Il s'ensuit que la force gravitationnelle due à une étoile à neutrons doit tendre vers une limite.

La force appliquée par une particule élémentaire à une autre de même type, à la distance $r$, supposée grande devant R, rayon du neutron, est :

$$\frac{k^2\cdot\rho\cdot c^2\pi R^4}{r^2}.$$

Quand deux particules sont accolées et alignées avec une autre, à la distance $r$, la force appliquée par la première sur cette dernière est :

$$\frac{k^2(1-k)\rho c^2\pi R^4}{r^2}.$$

Quand il y en a $n$, la force appliquée par la première sur la $n^{ième}$ est :

$$\frac{k^2\cdot(1-k)^{n-2}\rho\cdot c^2\pi R^4}{r^2}.$$

La somme de ces termes tend vers la limite $\frac{k\rho\cdot c^2\pi R^4}{(1-k)^2 r^2}$, ce qui signifie que la force gravitationnelle due à une étoile à neutrons, et par conséquent sa masse, puisque celle-ci est déterminée par ses propriétés gravitationnelles, doit tendre vers une limite. Les étoiles à neutrons ont effectivement une masse comprise entre 1,4 fois la masse du Soleil (limite de Chandrasekhar [11]) et 3,3 masses solaires (limite d'Oppenheimer et Volkoff [12]).

Un rayon lumineux émis à la surface de cette étoile, à la distance $R$ du centre peut-il être retenu ?

Dans ce cas on doit avoir $R = \frac{2GM}{c^2}$, soit $R$ = 4,14 km pour $M$ = 1,4 $M_s$ (Masse du Soleil = 1,99 $10^{33}$ g), et $R$ = 9,75 km pour $M$ = 3,3 $M_s$. Le rayon des étoiles à neutrons est donné par la formule empirique $R_{Km} = 16\left(\frac{M_S}{M}\right)^{1/3}$, soit $R$ = 14,3 km pour $M$ =1,4 $M_s$ et $R$ = 10,7 km pour $M$ = 3,3 $M_s$. Les étoiles à neutrons ne peuvent donc retenir les rayons lumineux émis à leur surface que lorsqu'elles dépassent la limite d'Oppenheimer et Volkoff de 3,3 $Ms$. En fait elles sont constituées d'une atmosphère liquide de densité élevée, recouvrant une croûte externe composée de noyaux atomiques ionisés et d'électrons libres, une croûte interne de noyaux riches en neutrons, entourant un noyau externe et un noyau interne constitués essentiellement de neutrons. Elles ne sont donc pas réductibles à un simple amas compact de neutrons et peuvent encore émettre de la lumière.

Lorsqu'une étoile à neutrons a attiré par accrétion d'autre matière et qu'elle a transformé les protons et les électrons résiduels en neutrons, elle devient un trou noir stellaire d'où la lumière ne peut plus s'échapper. La force de gravitation due à un trou noir stellaire, donc aussi sa masse gravitationnelle, ne devraient pas augmenter, contrairement à sa masse inertielle.

Les trous noirs supermassifs pourraient être des amas dispersés de trous noirs stellaires, pour lesquels il n'y aurait pas de saturation gravitationnelle et les masses gravitationnelles s'ajouteraient.

### - Vitesse de gravitation

La vitesse de gravitation a été l'objet de longs débats. Selon Newton, elle serait infinie, alors qu'elle serait égale à la vitesse de la lumière pour Einstein et la plupart des auteurs. Tenant compte des observations astronomiques, Flandern [10], a placé la limite inférieure de la vitesse de gravitation à $10^{10}c$. La mesure par Fomalont et Kopeikin [13] du retard des ondes radio d'un quasar, dû à la gravité de Jupiter, a montré que la vitesse de la gravitation était celle de la lumière, avec une précision de 20%. Cette conclusion a été cependant réfutée par différents auteurs : van Nieuwenhutz [14], Asada [15], Will [16], Samuel [17] et Carlip [18].

La théorie de Fatio et Le Sage est compatible avec une vitesse de gravitation égale à celle de la lumière. En effet, l'attraction d'une masse *B* par une masse *A* est due à la différence entre la quantité de mouvement des corpuscules issus de *A* et dirigés vers *B* et celle des corpuscules frappant *B* et dirigés vers *A*, dans le même angle solide. Cette différence est due à la protection que procure *A* vis-à-vis de ce bombardement. Si, à un instant donné, on supprime *A*, l'effet est arrêté, mais continue à progresser vers *B* à la vitesse de la lumière. Pendant le temps du trajet, *B* subit toujours l'attraction de *A*. Lorsque la limite de l'effet de protection atteint *B*, le flux de particules venant de *A* est égal à celui reçu en sens inverse et il n'y a plus d'attraction.

Lorsqu'une particule est en mouvement autour d'une autre, la force de gravitation est toujours dirigée selon la ligne joignant leurs centres (puisqu'elle résulte de la différence des quantités de mouvement des corpuscules circulant dans le même angle solide).

### - Aberration de la lumière provenant d'étoiles lointaines

La vitesse de rotation de la Terre par rapport au Soleil (*V*) provoque une déviation maximum de 20 secondes d'arc de la lumière provenant des étoiles lointaines.

Une objection à la théorie de l'éther a été que si les corpuscules étaient entraînés par l'atmosphère de la Terre, ce milieu serait immobile par rapport à elle et l'aberration serait nulle.

En fait, ce phénomène s'explique dans le cadre de cette théorie : la direction de la lumière venant des étoiles lointaines est déjà déviée par rapport à la Terre car elle provient d'un éther immobile lointain, lié à ces étoiles. A la verticale de l'écliptique, la vitesse de la lumière a une composante radiale $-V$. En entrant dans l'atmosphère, la lumière traverse des couches d'éther qui sont progressivement entraînées mais sa direction reste inchangée par la suite, puisque, selon l'expérience de Fizeau (voir chapitre **Phénomènes lumineux**), cette composante est $-\frac{V}{n}+V\left(1-\frac{1}{n^2}\right)=-V$, puisque $n$ l'indice de réfraction de l'atmosphère est égal à 1. La déviation initiale due à la vitesse relative de la Terre est donc conservée au niveau de l'observateur, malgré l'entraînement de l'éther par l'atmosphère terrestre.

## Tests de la Relativité Généralisée

Les tests justifiant la théorie de la Relativité Généralisée sont également valables pour celle de Fatio-Le Sage, avec les modifications apportées par Thomson et nous-mêmes.

### - Déviation des rayons lumineux par le Soleil

Durant l'éclipse solaire de 1919, la position des étoiles observée à proximité du Soleil apparut modifiée de 1,75 secondes d'arc, valeur prévue par la théorie de la Relativité Généralisée [19].

En faisant l'hypothèse que les photons se comportent comme les corpuscules, la vitesse de la lumière n'est pas constante : l'accélération d'un photon de masse $m$ par une masse matérielle $M$ est, selon notre théorie (4) :

$$\gamma=2\frac{GM}{r^2}(1+4\frac{GM}{rc^2})$$

L'accélération radiale est : $\gamma_y = 2\frac{GM}{r^2}(1+4\frac{GM}{rc^2})\frac{R}{r}$ , où $R$ est le rayon du Soleil, $M$ sa masse et $r$ la distance du photon au centre du Soleil.

La déviation élémentaire $di$ de la trajectoire du photon, à la distance $x$ de la surface du Soleil est :

$$di = \frac{dV_y}{V_x} = \frac{dV_y}{dt}\frac{dt}{dx}\frac{dx}{V_x} = \gamma_y \frac{dx}{V_x^2}$$

où $V_x$ est la vitesse du photon, $dV_y$ la variation de la vitesse perpendiculaire à la trajectoire.

Donc, en première approximation, $di = 2\frac{GMR}{r^3c^2}dx$

$$i = 2\frac{GMR}{c^2}\int_{-\infty}^{+\infty}\frac{1}{r^3}dx = 2\frac{GMR}{c^2}\int_{-\infty}^{+\infty}\frac{1}{\left(\sqrt{x^2+R^2}\right)^3}dx$$

$$\text{si } u = \frac{x}{R},\ i = 2\frac{GM}{Rc^2}\int_{-\infty}^{+\infty}\frac{du}{\left(\sqrt{1+u^2}\right)^3} = \left|2\frac{GM}{Rc^2}\frac{u}{\sqrt{1+u^2}}\right|_{-\infty}^{\infty}$$

et l'on obtient $i = 4\frac{GM}{Rc^2}$, ce qui donne la valeur de 1,75 seconde d'arc, identique à celle prédite par la théorie de la Relativité Généralisée et observée lors de l'éclipse.

**- Décalage gravitationnel de la lumière vers le rouge**

Cet effet a été décrit et mesuré par Pound et Snider [20] avec les rayons γ du fer radioactif $^{57}Fe$, dans une tour de 21,6 mètres de haut. Ils trouvèrent que la fréquence des rayons γ ascendants était inférieure d'une fraction $2{,}45.10^{-15}$ à celle du rayonnement naturel. La théorie de la Relativité Généralisée rend compte de cette valeur, ainsi que notre théorie.

Selon (3), la vitesse des photons à proximité d'une masse matérielle est :

$$V=c\sqrt{1+4\frac{GM}{rc^2}}\approx c\left(1+2\frac{GM}{rc^2}\right).$$

Si $V_x$ est la vitesse à l'altitude $x$, $V_0$ la vitesse au niveau du sol, $R$ le rayon de la Terre et $M$ sa masse,

$$V_x=c\left(1+2\frac{GM}{(R+x)c^2}\right)\qquad V_0=c\left(1+2\frac{GM}{Rc^2}\right)$$

$$V_0-V_x=2\frac{GMx}{cR(R+x)}\approx 2\frac{GMx}{cR^2}\text{, et}\quad V_x=V_0-2\frac{GMx}{cR^2}$$

Les photons mettent un temps $t$ pour atteindre l'altitude $x$ :

$$t=\int_0^x\frac{dx}{\left(V_0-2\frac{GMx}{cR^2}\right)}\approx\int_0^x\left(1+2\frac{GMx}{cV_0R^2}\right)\frac{dx}{V_0}$$

$$t=\frac{x}{V_0}+2\frac{GM}{R^2cV_0{}^2}\int_0^x xdx=\frac{x}{V_0}+\frac{GMx^2}{R^2cV_0{}^2}$$

La masse de la Terre provoque un retard $\Delta t=\frac{GMx^2}{R^2cV_0{}^2}$

Donc : $$\frac{\Delta t}{t}\approx\frac{GMx}{R^2cV_0}\approx\frac{GMx}{R^2c^2}.$$

La même variation relative sera observée à l'altitude $x$ pour la période de la source, et celle de la fréquence sera l'opposée :

$$\frac{\Delta\nu}{\nu}=-\frac{GMx}{R^2c^2}.$$

Cette relation est identique à celle donnée par la Relativité Généralisée et est vérifiée expérimentalement.

**- Retard de Shapiro**

Les signaux lumineux mettent plus de temps pour se déplacer à travers un champ gravitationnel qu'ils ne le font en son absence. Cet effet fut mis en évidence par l'observation des signaux radar envoyés aux planètes lorsqu'elles sont en conjonction supérieure avec le Soleil, puis réfléchis. Ce phénomène est connu sous le nom d'effet Shapiro [21].

Dans notre théorie, la vitesse de la lumière passant à proximité du Soleil ou d'une planète est donnée par (3) :

$V=c\sqrt{1+4\frac{GM}{rc^2}}\approx c\left(1+2\frac{GM}{rc^2}\right)$, où $M$ est la masse de l'objet et $r$, la distance du photon à son centre.

La contribution des planètes au second terme de la parenthèse est négligeable devant celle du Soleil (0,423 $10^{-5}$) :

au maximum 1,39 $10^{-9}$ pour la Terre, 2,8 $10^{-10}$ pour Mars.

La durée du trajet, de la Terre à Mars en passant près du Soleil et retour, est :

$$t=2\int_{Terre}^{Soleil}\frac{dx}{V}+2\int_{Mars}^{Soleil}\frac{dx}{V} \quad \text{donc :}$$

$$t\approx 2\int_{Terre}^{Soleil}\frac{1}{c}\left(1-2\frac{GM}{rc^2}\right)dx+2\int_{Mars}^{Soleil}\frac{1}{c}\left(1-2\frac{GM}{rc^2}\right)dx.$$

Le retard dû à la présence du Soleil est :

$$\Delta t=4\frac{GM}{c^3}\int_{Terre}^{Soleil}\frac{dx}{r}+4\frac{GM}{c^3}\int_{Mars}^{Soleil}\frac{dx}{r}.$$

Comme $r=\sqrt{x^2+R^2}$ et $\int\frac{dx}{\sqrt{x^2+R^2}}=\ln\left(x+\sqrt{x^2+R^2}\right)$, où $R$ est le rayon du Soleil, et si $r_1$ et $r_2$ désignent les distances respectives de la Terre et de Mars au Soleil, on a :

$$\Delta t=4\frac{GM}{c^3}\left[\ln\left(\sqrt{r_1^2-R^2}+r_1\right)-\ln R+\ln\left(\sqrt{r_2^2-R^2}+r_2\right)-\ln R\right].$$

Comme $r_1$ et $r_2$ sont beaucoup plus grands que $R$,

$$\Delta t = 4\frac{GM}{c^3}\ln\left(4\frac{r_1 r_2}{R^2}\right).$$

Ce retard est identique à celui prédit par la Relativité Généralisée et mesuré expérimentalement.

### - Précession du périhélie de Mercure

L'orbite de Mercure (comme celle des autres planètes) se déplace lentement autour du Soleil : 5.600 secondes d'arc par siècle. La majeure partie de la précession (5.557 secondes d'arc) est due aux faits que la Terre n'est pas un référentiel inertiel et que les autres planètes exercent leur attraction. Il y a un écart de 43 secondes d'arc, dont rend compte exactement la théorie de la Relativité Généralisée [22].

Notre théorie prédit aussi une précession, mais plus petite, et l'on discutera plus loin la différence.

Soit une planète de masse $m$, tournant autour d'une étoile de masse $M$, $V$ sa vitesse, $d\theta/dt$ sa vitesse angulaire, $L$ son moment angulaire et $r$ sa distance à l'étoile.

$$L = mrV = mr^2\frac{d\theta}{dt}$$

$$V^2 = \left(\frac{dr}{dt}\right)^2 + \left(r\frac{d\theta}{dt}\right)^2$$

$$\frac{dr}{dt} = \frac{dr}{d\theta}\frac{d\theta}{dt} = \frac{dr}{d\theta}\frac{L}{mr^2} = -\frac{L}{m}\frac{du}{d\theta} \text{ où } u = 1/r.$$

$$r\frac{d\theta}{dt} = \frac{rL}{mr^2} = \frac{uL}{m}$$

$$V^2 = \frac{L^2}{m^2}\left(u^2 + \left(\frac{du}{d\theta}\right)^2\right).$$

L'énergie totale $E$ de cette planète restant constante pendant sa révolution,

$$\frac{1}{2}mV^2 + \int\frac{G'Mm}{r^2}dr = E$$

Selon notre théorie, $G'=G\left(1+4\frac{GM}{rc^2}\right)$, pour les masses matérielles.

$$\frac{1}{2}mV^2-\frac{GMm}{r}+\int 4\frac{G^2M^2m}{c^2r^3}dr=E$$

$$\frac{1}{2}mV^2-\frac{GMm}{r}-2\frac{G^2M^2m}{c^2r^2}=E$$

$$V^2-2\frac{GM}{r}-4\frac{G^2M^2}{c^2r^2}=2\frac{E}{m}$$

$$\frac{L^2}{m^2}\left(u^2+\left(\frac{du}{d\theta}\right)^2\right)-2GMu-4\frac{G^2M^2u^2}{c^2}=2\frac{E}{m}$$

$$u^2+\left(\frac{du}{d\theta}\right)^2-2\frac{GMm^2}{L^2}u-4\frac{G^2M^2m^2u^2}{L^2c^2}=2E\frac{m}{L^2}.$$

Après différentiation par rapport à $\theta$ *et* division par 2 $du/d\theta$, comme proposé par Fleck [23], on a :

$$u+\frac{d^2u}{d\theta^2}-\frac{GMm^2}{L^2}-4\frac{G^2M^2m^2u}{L^2c^2}=0$$

$$u\left(1-4\frac{G^2M^2m^2u}{L^2c^2}\right)+\frac{d^2u}{d\theta^2}=\frac{GMm^2}{L^2}$$

La trajectoire de la planète est une ellipse, avec précession du périhélie.

L'équation de l'ellipse est : $r=\frac{p}{1+e\cos B(\theta-\theta_0)}$, avec une excentricité $e$,

$$B^2=1-4\frac{G^2M^2m^2}{L^2c^2}\text{, et } p=\frac{L^2}{GMm^2}.$$

Entre deux passages au plus près de l'étoile, l'ellipse a tourné d'un angle $\delta$ tel que $\cos B(2\pi+\delta)=1$, soit $\delta=2\pi\left(\frac{1}{B}-1\right)$.

Comme $B \approx 1-2\frac{G^2M^2m^2}{L^2c^2}$, $\delta=2\pi\left(2\frac{G^2M^2m^2}{L^2c^2}\right)=4\pi\left(\frac{GMm}{Lc}\right)^2$, et $p=a(1-e^2)$, où $a$ est le demi grand axe.

$$\delta=4\pi\frac{(GMm^2)}{L^2}\frac{GM}{c^2}=4\pi\frac{GM}{a(1-e^2)c^2}$$

Dans le cas de Mercure, $a$ = 5,79 $10^{12}$ cm, $e$ = 0,205 et la masse du Soleil = 1,99 $10^{33}$ g. Comme il y a 415 révolutions par siècle et qu'un radian = 2,06 $10^5$ secondes d'arc, $\delta$= 28,6 secondes d'arc et non pas 43, comme prédit la théorie de la Relativité Généralisée.

Cependant Mercure tourne autour du Soleil et ce mouvement, d'après la théorie de la Relativité Restreinte, introduit un terme de correction de $\pi\frac{GM}{a(1-e^2)c^2}$ = 7,15 secondes d'arc [23]. Au total,

$\delta$ = 35,75 secondes d'arc.

Il manque encore 7 secondes.

La théorie de la Relativité Généralisée prédit exactement la valeur de 43 secondes d'arc, mais sans tenir compte du terme de correction de la théorie de la Relativité Restreinte. La précession totale devrait être de 50 secondes d'arc. Un nouveau phénomène qui n'aurait pas été pris en compte jusqu'à présent pourrait peut-être trancher la question.

**En conclusion de ce chapitre**, la théorie de Fatio - Le Sage, modifiée par Thomson (émission isotrope d'ondes après absorption des corpuscules par les particules élémentaires de la matière), et par nous-mêmes (une petite fraction seulement de l'énergie des corpuscules est absorbée), satisfait aux tests principaux justifiant la Relativité Généralisée et permet de réfuter les critiques (résistance au mouvement, augmentation de la masse et de la température des particules, saturation gravitationnelle, aberration de la lumière des étoiles).

La Relativité Généralisée prédit que la matière modifie l'espace et utilise une géométrie non euclidienne et une quatrième dimension. Cependant, le sens commun n'adhère pas facilement et intuitivement à ces hypothèses. La théorie de Fatio-Le Sage, qui n'utilise pas ces concepts, permet de donner des explications plus simples des mêmes phénomènes.

L'espace dans lequel les phénomènes physiques se déroulent serait, pour nous (comme pour un certain nombre de non conformistes), un espace euclidien, fixe, à trois dimensions. La principale hypothèse dont nous avons besoin est l'existence d'un milieu (l'éther), constitué de corpuscules plusieurs ordres de grandeur plus petits que les particules élémentaires, animés de la vitesse de la lumière, et les bombardant. Cette théorie permet de rendre compte du phénomène de gravitation. La constante de gravitation applicable à ces corpuscules est logiquement le double de celle applicable aux particules de matière et il s'en suit que les tests considérés comme des preuves de la Relativité Généralisée sont également satisfaits par notre théorie.

Ce ne serait pas le seul cas pour lequel les mêmes phénomènes sont explicables par des théories totalement différentes. Selon le principe de simplicité d'Ockham, la Relativité Généralisée ne devrait donc pas être retenue. Ce ne devrait cependant pas être le cas de la Relativité Restreinte.

## *Forces électriques et électromagnétiques*

La force répulsive électrique entre deux protons est $1{,}23558.10^{36}$ fois celle de leur attraction gravitationnelle, et dans le cas de deux électrons, ce rapport est $4{,}16558.10^{42}$. Dans le chapitre précédent, nous avons fait les hypothèses que les corpuscules ou les ondes provenant de l'éther et frappant une particule matérielle neutre ne perdraient qu'une infime partie de leur énergie ou de leur quantité de mouvement et, avec Thomson, que celle-ci serait émise de nouveau de façon isotrope, de sorte que la masse de la particule resterait constante.

Nous faisons ici les hypothèses supplémentaires suivantes :

- Les corpuscules de l'éther et les particules chargées électriquement vibreraient avec une fréquence commune, liée à celle du fond diffus cosmologique (voir chapitre **Fond diffus cosmologique**). Les particules chargées « de même signe » auraient la même phase, celles de « signe opposé », une phase décalée de $\pi$. La phase de vibration des corpuscules provenant de l'éther lointain ou des particules neutres serait quelconque.

- L'énergie des corpuscules (ou des ondes) provenant de l'éther lointain qui frappent une particule chargée, serait entièrement absorbée et émise de nouveau, de façon isotrope, avec la fréquence et la phase de cette particule.

- La fraction émise par une particule chargée, atteignant une autre particule chargée, serait entièrement absorbée, contrairement au cas des particules neutres.

De sorte que le déplacement dû à une onde émise de nouveau par une particule, atteignant une autre particule de même type, serait toujours en phase avec cette dernière, et opposé à son déplacement, quelle que soit la distance entre elles. Ces hypothèses rendraient compte de la répulsion entre particules chargées de même signe.

Dans le cas de particules de charges opposées, les déplacements dus à l'onde et à la particule cible seraient en opposition de phase mais dirigés en sens contraire. Ils seraient donc de même sens, ce qui rendrait compte de l'attraction entre particules chargées de signes opposés.

D'autre part, il n'y aurait pas de force électrique entre deux particules quand l'une au moins d'entre elles n'est pas chargée. La force gravitationnelle seule existerait, due à la protection que chacune procure à l'autre, vis-à-vis du bombardement par les corpuscules et de l'absorption d'une infime partie de leur énergie.

On voit que le concept de charge électrique est ici complètement différent de celui habituellement admis : les forces dues aux charges électriques seraient dues au bombardement par les corpuscules de l'éther des particules chargées, donc liées à la surface de ces dernières. Ce qui différencierait une particule chargée d'une particule neutre serait la phase de sa vibration.

## Répulsion électrique entre protons

Un proton, de rayon $R_p$, recevrait, du bombardement par les corpuscules environnants, pendant le temps *dt*, la quantité de mouvement $4\pi R_p^2 \rho \cdot c^2 dt$. Nous admettons qu'en première approximation la surface de chacune des particules ne serait pas protégée du bombardement des corpuscules par la présence de l'autre, leurs dimensions étant plusieurs ordres de grandeur plus petites que leurs distances mutuelles.

Cette quantité de mouvement reçue serait émise de nouveau de façon isotrope par le proton. La quantité de mouvement reçue de ce proton par un autre proton à la distance *r*, pendant le temps *dt*, serait entièrement absorbée, contrairement aux particules non chargées, et donnerait lieu à la force électrique *F* entre les deux protons.

$Fdt = 4\pi R_p^2 \cdot \rho \cdot c^2 \dfrac{\pi R_p^2}{4\pi r^2} dt = \dfrac{e^2 dt}{r^2}$, où $\dfrac{\pi R_p^2}{4\pi r^2}$ est la fraction de corpuscules venant de la source et atteignant la cible et *e*, la charge élémentaire ($4{,}8032043.10^{-10}$ u. e. s.).

C'est une force de répulsion, les deux particules ayant une charge de même signe.

On obtient : $\rho \cdot c^2 \cdot R_p^4 \cdot \pi = e^2$ (6).

De (5) et (6) on déduit $\dfrac{e^2}{GM_p^2} = \dfrac{1}{k_p^2}$ (7), qui est la définition du rapport entre les forces électriques et gravitationnelles dans le cas du proton, égal à $1{,}23558\ .10^{36}$.

La densité du vide peut être calculée à partir de (6) et de la valeur de $R_p$ ($0{,}84184.\ 10^{-13}$cm) :

$$\rho = 1{,}626874.\ 10^{12}\ \text{g/cm}^3\ (8)$$

Cette valeur peut sembler démesurée, mais le vide est supposé être parcouru de corpuscules plusieurs ordres de grandeur plus petits que les particules élémentaires et n'ayant qu'une très faible interaction avec la matière, quand ils ne relient pas des particules chargées : seulement la densité $\rho k^2 = 1{,}31668\ 10^{-24}$ g/cm$^3$ interagirait avec la matière neutre, comme on l'a vu plus haut.

Les neutrinos qui sont des particules neutres et légères sont extrêmement difficiles à détecter et l'on peut concevoir que ces hypothétiques corpuscules impliqués dans la gravitation soient suffisamment petits pour que l'on ne puisse pas les détecter, malgré leur grande concentration.

Par ailleurs, la densité moyenne du proton est $0{,}66929.10^{15}$ g/cm$^3$.

## Répulsion électrique entre électrons

Si l'électron était sphérique, son rayon serait déterminé par la même équation (6) que le proton, et les deux rayons seraient identiques, ce qui est contraire à l'observation. La plus simple autre forme que pourrait présenter l'électron est le tore.

Le modèle de répulsion entre protons peut être appliqué aux électrons : la totalité de l'énergie des corpuscules frappant un électron serait émise de nouveau sous la forme d'ondes ou de corpuscules, dans toutes les directions et de façon isotrope et serait responsable de la force de répulsion électrique.

La quantité de mouvement reçue par l'électron pendant le temps *dt* est : $4\pi^2 R_e r_e \rho c^2 dt$, où $r_e$ est le rayon du tube, $R_e$ est la distance du centre du tore au centre du tube et $4\pi^2 R_e r_e$ la surface du tore.

La quantité de mouvement reçue de cet électron par un autre, à la distance $r$ pendant le temps $dt$ serait entièrement absorbée et donnerait lieu à la force électrique $F$ entre deux électrons :

$Fdt = 4\pi^2 R_e r_e \rho c^2 dt \frac{\pi^2 R_e r_e}{4\pi r^2} = \frac{e^2}{r^2} dt$, où le terme $\frac{\pi^2 R_e r_e}{4\pi r^2}$ est la fraction des corpuscules provenant du premier électron et atteignant le second.

Le terme $\pi^2 R_e r_e$ est la valeur moyenne de la surface de la projection du tore sur un plan perpendiculaire à la ligne des centres des deux électrons : en effet, considérons une bande de largeur $2r_e$ et de longueur $2\pi R_e$, donc de surface $4\pi R_e r_e$, à la surface d'une sphère de rayon $R_e$, grand devant $r_e$. La valeur moyenne de la projection de cette bande sur un plan équatorial est $\pi R_e r_e$, puisque la projection de la surface de la sphère $4\pi R^2_e$ est $\pi R^2_e$. Le tore a pour surface $4\pi^2 R_e r_e$.

Donc, la valeur moyenne de la projection de sa surface sur un plan équatorial est $\pi^2 R_e\, r_e$.

Finalement, on obtient :

$$e^2=\pi^3\rho c^2 r_e^2 R_e^2 \quad (9).$$

et, comme de (6) et (9), on a : $\pi r_e R_e = R_p^2$ (10).

La constante de gravitation $G$ entre particules sphériques ou toriques est $G=\frac{k^2\cdot\rho c^2\cdot s\cdot s'}{4\pi\cdot m^2}$, où $s$ est la surface d'une particule et $s'$ la projection de la surface de la section droite d'une seconde particule.

Dans le cas de deux électrons, on a :

$$G=\frac{k_e^2\cdot\rho\cdot c^2\cdot 4\pi^2\cdot r_e\cdot R_e\cdot\pi^2\cdot r_e\cdot R_e}{4\pi\cdot M_e^2}=\frac{k_e^2\cdot\rho\cdot c^2\cdot\pi^3\cdot r_e^2\cdot R_e^2}{M_e^2}.$$

On obtient $\frac{e^2}{G\cdot M_e^2}=\frac{1}{k_e^2}$ (11).

Si la constante de gravitation entre électrons est prise égale à celles des protons, le rapport des forces électriques aux forces de gravitation est égal à 4,16558 $10^{42}$.

## Formation de matière à partir d'ondes stationnaires

Supposons que les particules de matière aient résulté de l'établissement d'ondes stationnaires formées par la combinaison de couples d'ondes identiques de longueur d'onde $\lambda$, d'amplitude $a$ et de vitesse angulaire $\omega$, circulant en sens inverse et de même phase à leur point de rencontre.

Le déplacement $s$ du milieu est :

$$s=a\cos\omega(t+\frac{x}{c})+a\cos\omega(t-\frac{x}{c})=2a\cos\omega t\cos\omega\frac{x}{c}.$$

La vitesse vibratoire : $\frac{ds}{dt}=-2a\omega\sin\omega t\cos\omega\frac{x}{c}$.

Le carré de cette vitesse : $\left(\frac{ds}{dt}\right)^2=4a^2\omega^2\sin^2\omega t\cos^2\omega\frac{x}{c}$

La valeur moyenne dans le temps est : $2a^2\omega^2\cos^2\omega\frac{x}{c}$.

L'énergie vibratoire d'un volume élémentaire d$V$ :

$$\frac{1}{2}\rho dV\cdot 2a^2\omega^2\cos^2\omega\frac{x}{c},$$

et la masse correspondante : $\frac{dV}{c^2}\rho a^2\omega^2\cos^2\omega\frac{x}{c}$.

Dans le cas du proton, qui a la forme d'une sphère :

$$dV=\int_{-\pi/2}^{\pi/2}2\pi x\cdot\cos\alpha\cdot x\cdot d\alpha\cdot dx=4\pi x^2dx.$$

$$M_p=\frac{4\pi^2a^2\rho}{\lambda^2}\int_0^{R_p}\cos^2\frac{2\pi x}{\lambda}4\pi x^2dx=2a^2\rho\lambda\int_0^{2\pi R_p/\lambda}\cos^2x x^2dx.$$

Dans le cas de l'électron, qui a la forme d'un tore :

$$dV=2\pi R_e 2\pi x\cdot dx$$

$$M_e=\frac{4\pi^2a^2\rho R_e}{\lambda^2}\int_0^{r_e}\cos^2\frac{2\pi x}{\lambda}4\pi^2x\cdot dx=\frac{16\pi^4a^2\rho R_e}{\lambda^2}\left(\frac{\lambda}{2\pi}\right)^2\cdot\int_0^{2\pi r_e/\lambda}\cos^2x\cdot x\cdot dx$$

soit, selon (10) : $M_e=4\pi^2a^2\rho R_e\cdot\int_0^{2R_p^2/\lambda R_e}\cos^2x\cdot x\cdot dx$

Nous ferons l'hypothèse que $2\pi R_p$ et $2\pi r_e$ sont petits devant $\lambda$. Donc $\cos^2x\approx 1$

$$M_p=\frac{2a^2\rho\lambda}{3}\left(\frac{2\pi R_p}{\lambda}\right)^3=\frac{16a^2\rho\pi^3R_p^3}{3\lambda^2}\ (12),$$

$$M_e=\frac{4\pi^2a^2\rho R_e}{2}\left(\frac{2R_p^2}{\lambda R_e}\right)^2=\frac{8a^2\rho\pi^2R_p^4}{\lambda^2R_e}\ (13)\text{, donc }\frac{M_p}{M_e}=\frac{2\pi R_e}{3R_p}\ (14).$$

Comme le rapport de la masse du proton à celle de l'électron est de 1836, on déduit :

$R_e = 0{,}73798\ 10^{-10}$ cm et d'après (10), $r_e = 0{,}30568\ 10^{-16}$ cm.

L'électron serait donc un tore filiforme.

La longueur d'onde $\lambda$ reste indéterminée, mais on suppose qu'elle serait grande devant $R_p$ et $r_e$ (on en verra la signification dans le chapitre **Evolution de l'univers**).

Par ailleurs, la densité moyenne de l'électron est, selon (13) :

$$d_{electron} = \frac{M_e}{2\pi^2 R_e r_e^2} = \frac{M_p 3R_p}{2\pi R_e \cdot 2\pi^2 R_e r_e^2} = \frac{3M_p R_p}{4\pi R_p^4}$$

$$d_{électron} = \frac{M_p}{\frac{4}{3}\pi R_p^3} = d_{proton} = 0{,}66924\ 10^{15}\ \text{g/cm}^3.$$

Les deux particules auraient la même densité.

## Attraction électrique entre protons et électrons

Pour expliquer l'attraction mutuelle entre protons et électrons, nous avons proposé plus haut l'hypothèse que toutes les particules chargées vibreraient avec la même fréquence $\lambda$ (différente de leur fréquence de rotation), avec la même phase lorsqu'elles sont de même type et avec une phase décalée de $\pi$, pour celles de type opposé.

Nous avons aussi supposé que quand une onde de fréquence et de phase quelconques (équivalente à un corpuscule) frappe une particule chargée, elle est émise de nouveau, quantitativement et de façon isotrope, mais avec les caractéristiques de cette particule (fréquence et phase). Si elle frappe ensuite une autre particule de même type, elle provoque un déplacement opposé à celui de la cible, quelle que soit la distance entre les deux particules, et il en résulte une force répulsive.

Comme nous avons fait l'hypothèse d'une différence de $\pi$ entre les phases de particules de types différents, le déplacement dû à l'onde venant d'une particule chargée et frappant une particule de l'autre type a le même sens que celui de la cible, quelle que soit la distance entre les particules, et il produit une force d'attraction.

La force exercée par un proton sur un électron à la distance $r$ est :

$$\rho \cdot c^2 4\pi R_p^2 \frac{\pi^2 R_e r_e}{4\pi r^2} = \frac{\pi^2 \rho c^2 R_p^2 R_e r_e}{r^2}$$, et la force exercée par un électron sur un proton est évidemment égale et opposée :

$$\rho \cdot c^2 4\pi^2 R_e r_e \frac{\pi R_p^2}{4\pi r^2} = \frac{\pi^2 \rho c^2 R_p^2 R_e r_e}{r^2}.$$

Elle est égale à la force de répulsion entre deux protons ou deux électrons, puisque $\pi r_e R_e = R_p^2$ (10).

Lorsque deux particules de types différents sont réunies, leur résultante est nulle.

D'autre part, il n'y aurait pas de force électrique entre deux particules lorsqu'une d'entre elles n'est pas chargée, puisqu'il n'y aurait pas de relation de phase entre les ondes ou les corpuscules qu'elles échangent. Seules les forces de gravitation les relieraient, en raison de la protection que chacune d'elles procure à l'autre, vis-à-vis du bombardement de ces corpuscules.

## Autres caractéristiques des particules chargées

### - Moments d'inertie

Le moment d'inertie du proton est $I_p = \int_0^{R_p} r^2 dm$, où $r$ est la distance de la masse élémentaire $dm$ à l'axe de symétrie de la sphère.

$$I_p = \int_0^{R_p} \frac{a^2 \rho \cdot 4\pi^2}{\lambda^2} \cos^2 \frac{2\pi x}{\lambda} \int_{-\pi}^{\pi} 2\pi x \cos\alpha \cdot d\alpha \cdot x \cdot x^2 \cos^2 \alpha dx,$$ où $\alpha$ est l'angle de $OM$ avec l'axe des $x$.

$$I_p = \frac{4\pi^2 a^2 \rho}{\lambda^2} \cdot \int_0^{2\pi R_p/\lambda} \cos^2 \frac{2\pi x}{\lambda} x^4 2\pi dx \int_{-\pi}^{\pi} \cos^3 \alpha d\alpha$$

$$I_p = \rho a^2 \left(\frac{2\pi}{\lambda}\right)^2 \left(\frac{\lambda}{2\pi}\right)^5 2\pi \int_0^{2\pi R_p/\lambda} \cos^2 x \cdot x^4 dx \cdot \frac{4}{3}$$

$$I_p \approx \rho a^2 \left(\frac{\lambda}{2\pi}\right)^3 \frac{8\pi}{3} \cdot \frac{1}{5}\left(\frac{2\pi R_p}{\lambda}\right)^5 = \frac{\rho a^2 \lambda}{3\pi^2} \lambda^2 \frac{1}{5}\left(\frac{2\pi R_p}{\lambda}\right)^5,$$

puisque $2\pi R_p/\lambda$ est supposé petit.

Comme $M_p = \frac{2a^2\rho\lambda}{3}\left(\frac{2\pi R_p}{\lambda}\right)^3$, $\frac{I_p}{M_p} = \frac{2}{5}R_p^2$, donc $I_p = 0{,}4 M_p R_p^2$ (15), ce qui signifie que la densité du proton est homogène.

Il en est de même pour l'électron avec $I_e = M_e R_e^2$ (16).

### - Vitesses de rotation

Selon la mécanique quantique, les vitesses de rotation des protons et des électrons sont données par la relation : $I\omega = \frac{h}{4\pi}$, où $h$ est la constante de Planck ($h = 6{,}62607\ 10^{-27}$ g.cm$^2$. s$^{-1}$).

La vitesse de rotation du proton est : $\omega_p = 1{,}11208\ 10^{23}$ rad/s, et dans le cas de l'électron, $\omega_e = 1{,}0628\ 10^{20}$ rad/s.

La vitesse maximum à la surface du proton est $0{,}93619\ 10^{10}$ cm/s, celle de l'électron est $0{,}7843\ 10^{10}$ cm/s, toutes deux inférieures à la vitesse de la lumière.

## Forces électromagnétiques

Deux conducteurs parallèles s'attirent lorsque les courants sont de même sens et se repoussent lorsqu'ils sont de sens contraires.

Le modèle proposé ici rend compte de ce phénomène : dans les conducteurs, en l'absence de mouvement des électrons, les concentrations de protons et d'électrons sont identiques. La résultante des forces électriques est donc nulle. Cependant, les électrons sont mobiles, tandis que les protons sont fixes. Dans le premier conducteur, les corpuscules à l'intérieur des électrons seraient entraînés dans le sens du courant. Une onde serait produite, induisant le même déplacement dans le vide entourant les électrons du second conducteur. Si le sens du courant du second conducteur est le même que celui du premier, les déplacements dus aux ondes des électrons des deux conducteurs sont de même sens et il y aurait attraction. Dans le cas contraire, il y aurait répulsion (figure **2**).

Si *V* est la vitesse d'un électron du premier conducteur, *V'* la vitesse d'un électron du second, *r* la distance entre les conducteurs, *S* la surface et *S'* la section droite moyenne des électrons, la force électro-magnétique est : $F=\rho VV'S\frac{S'}{4\pi\cdot r^2}$, le rapport $\frac{S'}{4\pi r^2}$ représentant la fraction des ondes provenant des électrons du premier conducteur atteignant ceux du second.

Comme *V* et *V'* sont respectivement proportionnels aux intensités de courant *i* et *i'*, la force électromagnétique par unité de longueur entre deux conducteurs parallèles est, après intégration, du type $F=K\frac{i\cdot i'}{r}$ (17).

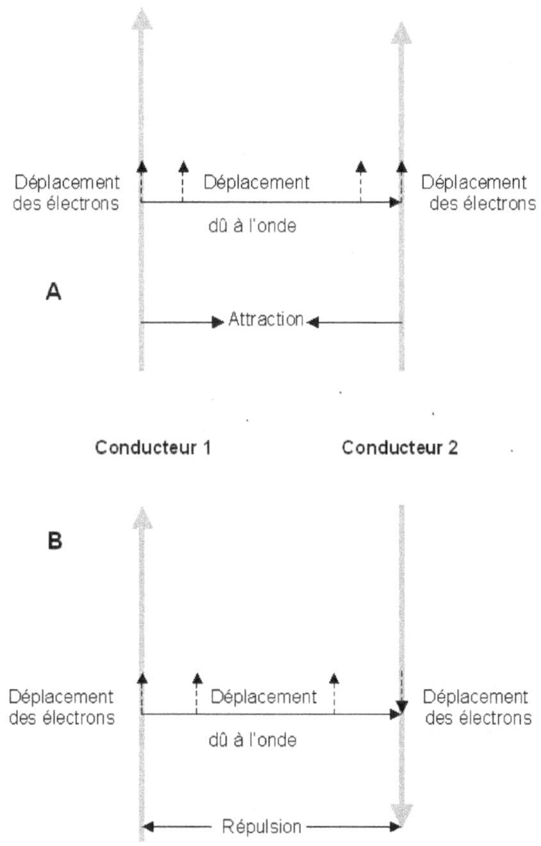


**Figure 2**
Forces électromagnétiques

En A, le sens du courant est le même dans les deux conducteurs. Les corpuscules à l'intérieur des électrons du conducteur 1 sont entraînés dans le sens du courant et émettent une onde provoquant le même déplacement. Quand cette onde atteint les électrons du conducteur 2, les deux déplacements sont de même sens et il y a attraction. En B, les sens des courants sont opposés et il y a répulsion.

## Rapport des forces électriques aux forces de gravitation

En ce qui concerne les forces de gravitation, les coefficients $k_p$ et $k_e$ sont les fractions d'énergie ou de quantité de mouvement que perdent les corpuscules en traversant de la matière, correspondant respectivement à la masse du proton et à celle de l'électron L'absorption d'énergie des corpuscules est alors proportionnelle aux masses traversées.

$$k_p = M_p \frac{\sqrt{G}}{e}\text{, selon (7)} = 0{,}53786.10^6\, M_p$$

$$\text{et } k_e = M_e \frac{\sqrt{G}}{e}\text{, selon (11)} = 0{,}53786.10^6\, M_e$$

Dans le cas des forces électriques, les particules chargées absorbent la totalité de l'énergie des corpuscules de l'éther qui les frappent et la redistribuent quasi-quantitativement de façon isotrope. La fraction émise par une particule chargée et reçue par une autre particule chargée est totalement absorbée. Ceci serait dû à ce que les corpuscules échangés ont la même fréquence et la même phase que les particules chargées (ou la phase opposée).

On comprend pourquoi les forces de gravitation sont si faibles par rapport aux forces électriques : elles sont la résultante de deux forces opposées presque égales, provoquées par les chocs des corpuscules provenant d'une particule (force proportionnelle à $k(1-k)\rho c^2$) et des corpuscules du vide lointain frappant l'autre particule (force proportionnelle à $k\rho c^2$), soit une force résultante proportionnelle à $k^2\rho c^2$ (voir page 17), avec $k$ très petit .

Ainsi le rapport des forces électriques aux forces de gravitation est égal à $1{,}23558 .10^{36}$ pour le proton et $4{,}16558 . 10^{42}$ pour l'électron.

Les deux types de forces se superposent quand les particules sont chargées, mais les forces électriques sont les seules observables.

Dans le cas de particules neutres, qui sont la juxtaposition de particules de charges égales et opposées, les forces électriques s'annulent et il ne reste que les forces de gravitation.

**En conclusion,** le modèle de l'éther utilisé par Fatio et par Le Sage pour la gravitation peut aussi rendre compte des phénomènes électriques et électromagnétiques. Nous avons fait les hypothèses que l'énergie, ou la quantité de mouvement, reçue des corpuscules de l'éther lointain, par une particule chargée, est entièrement absorbée et émise de nouveau quasi-intégralement de façon isotrope et que la fraction envoyée à une autre particule chargée est également entièrement absorbée. Les particules matérielles chargées sont supposées avoir été formées par des ondes stationnaires, toutes de même fréquence, de même phase pour les particules de même type, de phase décalée de $\pi$ pour celles de type opposé.

# *Défauts de masse et forces nucléaires*

## Modèle de noyau atomique

Deux modèles de noyau atomique ont été proposés : celui de la goutte liquide, établi de façon empirique, et le modèle en couches. D'autre part, bien que le neutron n'ait été mis en évidence qu'à l'état libre, par Chadwick en 1932, il a également été considéré comme présent dans le noyau, pour rendre compte de la masse atomique. Mais à notre connaissance, il n'y aurait pas de preuve expérimentale directe de cette affirmation.

Nous proposons ici un autre modèle du noyau, basé sur les hypothèses suivantes :

1) Le noyau serait formé par le rapprochement de $A$ protons et de $(A-Z)$ électrons, au lieu du modèle classique de $Z$ protons et $(A-Z)$ neutrons. Le neutron est une particule instable de durée de vie 885,7s. Bien qu'on puisse faire l'hypothèse qu'elle soit stabilisée dans le noyau par la présence des protons, nous avons choisi un autre modèle, pour lequel le noyau serait constitué de protons et d'électrons, et nous avons cherché à calculer son énergie de formation.

2) Les $A$ protons se rassembleraient, jusqu'au contact mutuel.

3) Il faut fournir de l'énergie pour amener les protons d'une distance infinie jusqu'au contact. Celle-ci serait compensée par une perte de masse, de façon à ce que l'énergie totale reste constante.

4) Le phénomène responsable des forces nucléaires serait identique à celui à l'origine des forces électriques : le bombardement des particules chargées par les corpuscules de l'éther. L'absorption de l'énergie des corpuscules (ou des ondes) provenant d'une particule chargée et rencontrant une autre particule chargée serait totale. Cependant les distances entre les particules dans le noyau sont du même ordre de grandeur que leurs dimensions, alors que les forces électriques s'exercent entre particules situées à des distances beaucoup plus grandes. Il en résulte qu'il faut tenir compte de la protection vis-à-vis de ce bombardement, que chaque particule procure aux autres.

5) Les *(A-Z)* électrons se resserreraient autour de l'amas des *A* protons, jusqu'au contact avec sa surface, tournant autour de lui et en équilibre avec lui, c'est-à-dire que la force centrifuge serait égale et opposée à l'attraction électrique. Cette contraction, à partir d'un rayon infini, produirait l'énergie $\Delta E$, dépendant du rayon du noyau et du nombre de protons. Il en résulterait une augmentation de masse, pour maintenir l'énergie totale constante. Par ailleurs, le rapprochement des électrons entre eux provoquerait une perte de masse (différente de leur augmentation), comme dans le cas des protons.

6) Pendant la contraction des électrons, les rayons du tore et du tube varieraient mais seraient liés par la relation $e^2=\pi^3\rho\cdot c^2\cdot r_e^2\cdot R_e^2=\pi\rho c^2 R_p^4$, soit $\pi\cdot r_e\cdot R_e=R_p^2$, la charge électrique étant supposée rester constante.

7) Les défauts de masse des noyaux sont généralement exprimés par la différence $[Zm_p+(A-Z)m_n] - M$. Dans notre modèle, nous calculons la différence $[Am_p+(A-Z)m_e] - M$. Pour avoir les défauts de masse habituels, nous devons ajouter la quantité :

$$(A-Z)\ [m_n-m_p-m_e] = 1{,}39606\ .10^{-27}(A-Z)\text{g}. \quad (18).$$

8) L'électron isolé a une énergie de rotation de 2x0,28019 $10^{-7}$ ergs, correspondant à une masse de 0,06235 $10^{-27}$ g (voir chapitre **Physique quantique**).

## Modèle du neutron

Le noyau le plus simple est le neutron. Nous faisons l'hypothèse qu'il résulte de l'association d'un électron et d'un proton : le tore de l'électron se rapprocherait du proton, l'entourerait, jusqu'à la limite de sa surface et tournerait autour de lui, l'attraction entre eux étant égale à la force centrifuge.

Au contact $R_e = R_p + r_e$. Selon (9), on a :

$r_e = 0,25386\ R_p = 0,213710.10^{-13}$ cm et $R_e = 1,05555\ .\ 10^{-13}$ cm.

Le proton sert d'écran à l'électron vis-à-vis du bombardement des corpuscules. L'ombre qu'il procure à un électron, situé à la distance x, est définie par l'angle solide $2\pi(1-\cos\alpha)$, où $2\alpha$ est l'angle sous lequel le proton est vu du centre de l'électron. La fraction bombardée est :

$$\frac{4\pi-2\pi(1-\cos\alpha)}{4\pi}=\frac{1+\cos\alpha}{2}=\frac{1+\sqrt{1-\frac{R_p^2}{x^2}}}{2}$$

Inversement, l'électron protège le proton du même bombardement, avec un facteur de protection identique, puisque les surfaces des deux particules sont égales.

L'énergie reçue par chaque particule est émise de nouveau de façon isotrope. La fraction atteignant l'autre particule est proportionnelle à la moyenne de la section droite de celle-ci, soit $\frac{\pi^2 R_e r_e}{4\pi x^2}$, ou $\frac{\pi R_p^2}{4\pi x^2}$. Ces deux fractions sont égales.

L'énergie dépensée par un électron d'un diamètre infini se rapprochant d'un proton jusqu'à son contact est donc (Matcad) :

$$\int_{\infty}^{1,05555\cdot 10^{-13}} \frac{4\pi R_p^2 \rho c^2 \left(\frac{1+\sqrt{1-\frac{R_p^2}{x^2}}}{2}\right) \pi R_p^2}{4\pi x^2}\,dx = 20,54971.10^{-7}\ \text{erg}$$

correspondant à une augmentation de masse de 2,28647.$10^{-27}$ g.

La rotation de l'électron autour du proton, en équilibre avec lui nécessite de fournir une énergie, entraînant une perte de masse

$$\frac{1}{2}M_e V_e^2 = \frac{1}{4}\pi R_p^4 \rho c^2 \frac{1}{1{,}05555.10^{-13}}\left(1+\sqrt{1-\frac{R_p^2}{1{,}05555^2 10^{-26}}}\right)$$

= 8,760523.$10^{-7}$ ergs, correspondant à une perte de masse de 0,974742.$10^{-27}$ g.

La formation d'un neutron à partir d'un proton et d'un électron séparés conduit, selon notre théorie, à une augmentation de masse de (2,28647 .$10^{-27}$- 0,974742.$10^{-27}$)g = 1,311728.$10^{-27}$g.

Comme l'énergie de rotation de l'électron libre est de 2x0,28019. $10^{-7}$ ergs g, correspondant à une masse de 0,06235 $10^{-27}$g, on doit ajouter cette dernière : 1,37408.$10^{-27}$ g.

La différence de masse entre le neutron et la somme proton + électron est :

1674,9286 $10^{-27}$ g. - (1672,6216 + 0,91094)$10^{-27}$ g. = 1,39606 $10^{-27}$ g.

La différence relative entre cette valeur et celle de notre théorie est de 1,6 %, ce qui est compatible avec l'erreur expérimentale sur le rayon du proton.

Selon notre modèle, le neutron n'existerait qu'à l'état libre et dans le noyau de l'atome, *A-Z* électrons entoureraient *A* protons.

## Défaut de masse du noyau de Deutérium

La valeur expérimentale du déficit de masse du noyau de deutérium (A = 2 et Z = 1) est 3,96536 .$10^{-27}$ g.

Selon notre modèle, le noyau de deutérium serait constitué de deux protons accolés, entourés d'un électron tournant autour d'eux à leur contact (figure **3**) et en équilibre avec eux (l'attraction électrique étant égale à la force centrifuge).

**- Perte de masse des protons**

L'ombre que procure un proton, vis-à-vis du bombardement des corpuscules, à un autre proton, situé à la distance x, est : $2\pi(1-\cos\alpha_0)$, où $2\alpha_0$ est l'angle sous lequel un proton est vu du centre de l'autre. La fraction bombardée est, comme on l'a vu plus haut :

$$\frac{4\pi - 2\pi(1-\cos\alpha_0)}{4\pi} = \frac{1+\cos\alpha_0}{2}$$

La force électrique exercée est : $F = \frac{\rho c^2 R_p^2 (1+\cos\alpha_0)\pi R_p^2}{2x^2}$

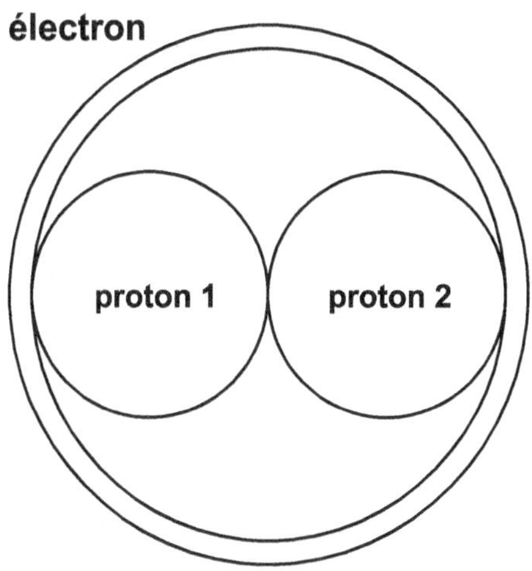


**Figure 3**
Noyau de deutérium

Deux protons sont accolés, un électron les entoure, tourne autour d'eux et est en équilibre avec eux

Le travail effectué par un proton pour se rapprocher de l'autre, jusqu'à son contact est donc :

$$-\frac{1}{2}\pi R_p^4 \rho c^2 \int_{\infty}^{2R_p} \frac{1+\sqrt{1-\frac{R_p^2}{x^2}}}{x^2}dx$$

et la perte de masse correspondante, pour les deux protons, est :

$$\pi R_p^4 \rho \int_{\infty}^{2R_p} \frac{1+\sqrt{1-\frac{R_p^2}{x^2}}}{x^2}dx = 2{,}983095.10^{-27} \text{ g ( Matcad ).}$$

**- Gain de masse de l'électron**

Le rayon de l'électron est $R_e = 2R_p + r_e$. Puisque $r_e = \frac{R_p^2}{\pi R_e}$, selon (10), on a : $r_e = 0{,}148176\ R_p = 0{,}12474\ 10^{-13}$ cm et $R_e = 1{,}80844\ 10^{-13}$ cm.

Supposons que l'électron de rayon $x$ soit centré au point $O$ de contact entre les deux protons (figure **4**). Dans la direction $\theta$, le proton 1 projette une ombre sur l'élément $M$, de longueur $xd\theta$ et de rayon de tube $r_e$. La surface de cet élément qui reçoit le bombardement est : $\frac{2\pi r_e x\cdot(1+\cos\alpha_0)d\theta}{2}$, où $2\alpha_0$ est l'angle sous lequel est vu le proton 1 depuis $M$, perpendiculairement au plan de l'électron.

La force électrique élémentaire exercée entre cet élément et le proton 1 est :

$$dF = \pi r_e x\cdot d\theta\cdot(1+\cos\alpha_0)\rho c^2 \int_0^{\alpha_0} \frac{2\pi \sin\alpha\cdot\cos\alpha\cdot d\alpha}{4\pi},$$

où $\alpha$ est l'angle entre les trajectoires des corpuscules émis par l'élément et $OM$, et $\alpha_0$ la valeur maximum. $\int_0^{\alpha_0} \frac{2\pi\sin\alpha\cdot d\alpha}{4\pi}$ est la fraction de corpuscules émise par l'élément et atteignant le proton 1 et le terme *cos* $\alpha$ correspond à la projection de la force sur $OM$

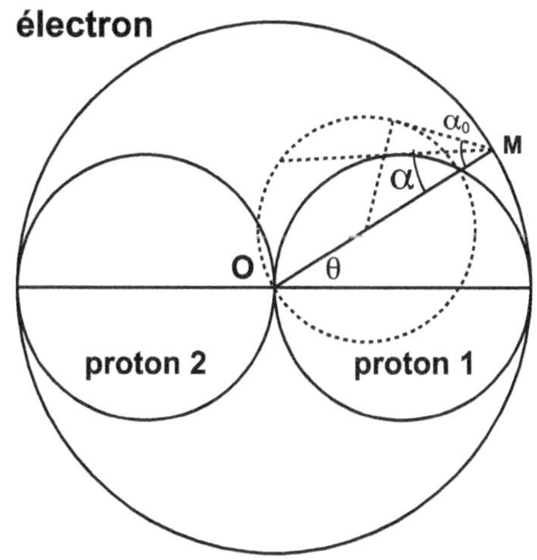


**Figure 4**

Travail des électrons pour se rapprocher des protons

En pointillés, la projection dans le plan de l'électron de la section du proton 1 par le plan perpendiculaire.

$$dF=\pi r_e x(1+\cos\alpha_0)\rho c^2 \cdot \frac{\sin^2\alpha_0}{4} d\theta = R_p^2(1+\cos\alpha_0)\rho c^2 \cdot \frac{R_p^2\cos^2\theta}{4(x-R_p\cos\theta)^2} d\theta$$

Le terme ($1+ \cos\alpha_0$) dépend de $\theta$ et varie de $1+\sqrt{1-\frac{1}{\left(\frac{x}{R_p}-1\right)^2}}$ lorsque $M$ est sur l'axe joignant les centres des protons, à $1+\sqrt{1-\frac{1}{1+\left(\frac{x}{R_p}\right)^2}}$ lorsque $M$ est sur l'axe perpendiculaire. Il est compris entre 1 et 1,89 pour $x=2R_p$, mais est voisin de 2 lorsque $x$ est grand devant $R_p$ (respectivement 1,86 et 1,95 pour $x = 3R$). Nous prendrons la valeur 2 par approximation, pour simplifier les calculs.

Le travail effectué par la moitié droite de l'électron lorsqu'elle se rapproche du proton 1, jusqu'à son contact est :

$$dE = \frac{1}{2} R_p^2 \rho c^2 \int_{\infty}^{2R_p+r_e} \int_{-\pi/2}^{\pi/2} \frac{R_p^2 \cos^2\theta}{(x - R_p\cos\theta)^2} dx d\theta$$

$$= \frac{1}{2} R_p^4 \rho c^2 \int_{-\pi/2}^{\pi/2} \frac{\cos^2\theta}{2 R_p + 0{,}148176 R_p - R_p \cos\theta} d\theta$$

$dE = \frac{R_p^3 \rho c^2}{2} 1{,}2271488 = 5{,}352416.10^{-7}$ ergs (Matcad), correspondant à un gain de masse de $0{,}595538.10^{-27}$ g.

Cette moitié d'électron ne reçoit aucun corpuscule émis perpendiculairement à sa surface par le proton 2, le proton 1 servant d'écran. Le gain de masse de l'autre moitié est identique, soit un gain total de $1{,}191077.10^{-27}$ g.

**- Perte de masse de l'électron**

La rotation de l'électron au contact des deux protons accolés nécessite d'apporter de l'énergie, ce qui entraîne une perte de masse :

$$E = \frac{F(2R_p + r_e)}{2} = \frac{1}{2} \frac{(2R_p + r_e)}{2} \rho c^2 R_p^2 \int_{-\pi/2}^{\pi/2} \frac{\cos^2\theta}{(2{,}148176 - \cos\theta)^2} d\theta$$

$E = \frac{1{,}80842 \cdot 10^{-13} \cdot 10{,}36222 \cdot 10^{6} \cdot 0{,}971048}{4} = 4{,}54918 \, . \, 10^{-7}$ergs,

(Matcad), correspondant à une perte de masse de $0{,}506166.10^{-27}$ g.

Le déficit de masse du deuton, calculé à partir de deux protons isolés et d'un électron, serait, selon notre modèle :

$$(2{,}983094 - 1{,}191077 + 0{,}506167)10^{-27} \text{ g} = 2{,}29818.10^{-27}\text{g}.$$

Pour obtenir le déficit habituel, nous devons ajouter $1{,}39606 \, .10^{-27}$ g et retrancher $0{,}06235 \; 10^{-27}$g : on obtient alors $3{,}63189.10^{-27}$ g.

La différence relative du déficit de masse calculé par rapport à la valeur expérimentale est de 8,4%.

## Défaut de masse du noyau de Tritium

La valeur expérimentale du déficit de masse du noyau de Tritium ($A = 3$ et $Z = 1$) est 15,1205 $10^{-27}$ g.

Le noyau du tritium est supposé être constitué de trois protons accolés entourés de deux électrons tournant autour d'eux, à leur contact et en équilibre avec eux (figure **5**).

**- Perte de masse des protons**

La perte de masse due à la réunion de trois protons peut être calculée de la façon suivante :

Les centres $O_1$, $O_2$, $O_3$ des trois protons sont supposés être à la même distance $x$ du centre $O$ du noyau, en formant un triangle équilatéral.

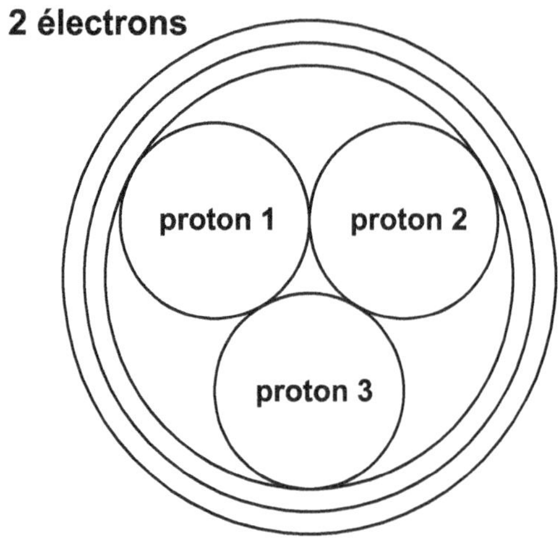


**Figure 5**
Noyau de tritium

Trois protons sont accolés, deux électrons les entourent et tournent autour d'eux, en équilibre avec eux.

Chaque proton est protégé du bombardement des corpuscules par les deux autres protons. La surface qui reçoit le rayonnement est : $\frac{4\pi-2(2\pi(1-\cos\alpha_0))}{4\pi}4\pi R_p^2=4\pi R_p^2\cos\alpha_0$, où $2\alpha_0$ est l'angle sous lequel un proton est vu du centre d'un autre. Il émet de nouveau de façon isotrope la quantité de mouvement par seconde $4\pi R_p^2\rho c^2\cos\alpha_0$.

La force de répulsion $F$ appliquée par le proton 2 sur le proton 1 est :

$$F = 4\pi R_p^2 \rho c^2 \cos\alpha_0 \int_0^{\alpha_0} \frac{2\pi \sin\alpha \cos\alpha \cdot d\alpha}{4\pi} = \pi R_p^2 \rho c^2 \cos\alpha_0 \cdot \sin^2\alpha_0$$

$$= \frac{\pi R_p^4 \rho c^2 \cos\alpha_0}{x^2}$$

Le proton 3 applique la même force sur le proton 1, avec une composante selon $O_1O_2$ de $\dfrac{\pi R_p^4 \rho c^2 \cos\alpha_0}{2x^2}$. La force résultante dirigée selon $O_1O_2$ est $\dfrac{1{,}5\pi R_p^4 \rho c^2 \cos\alpha_0}{x^2}$. La même force est dirigée selon $O_1O_3$. L'énergie nécessaire pour un rapprochement $dx$ des protons 2 et 3 du proton 1 serait : $\dfrac{3\pi R_p^4 \rho c^2 \cos\alpha_0 dx}{x^2}$, et l'énergie nécessaire pour les mettre en contact serait :

$$E = 3\pi R_p^4 \rho c^2 \int_{\infty}^{2R_p} \frac{\sqrt{1-\frac{R_p^2}{x^2}}}{x^2} dx = 39{,}32415.10^{-7} \text{ ergs (Matcad).}$$

La perte de masse correspondante pour le proton 1 serait : $4{,}37541\ .10^{-27}$ g et pour les trois protons, $13{,}12624$ g.$10^{-27}$ g.

**- Gain de masse des électrons**

L'augmentation de masse de chacun des électrons, due à leur rapprochement des protons, peut aussi être calculée :

$R_e = 2{,}1547\ R_p + r_e$, et, selon (10) : $r_e(2.1547 R_p + r_e) = \dfrac{R_p^2}{\pi}$

On obtient $r_e = 0{,}138788\ R_p$ et $R_e = 1{,}93075\ 10^{-13}$ cm.

Comme plus haut, supposons que les électrons soient centrés en $O$, centre du noyau, et dans le plan formé par les trois protons rassemblés (figure **6**).

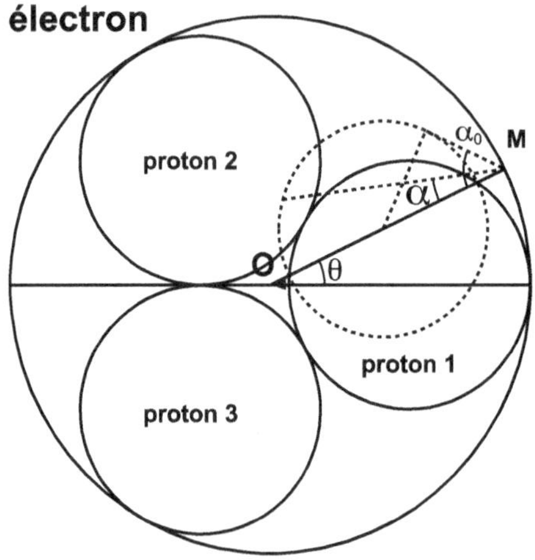


**Figure 6**
Travail des électrons pour se rapprocher des protons

En pointillés, la projection dans le plan de l'électron de la section du proton 1 par le plan perpendiculaire.

La surface de l'élément $M$ qui reçoit le bombardement dans la direction θ, comprise entre –π/3 et +π/3, est : $\frac{2\pi r_e x\cdot(1+\cos\alpha_0)d\theta}{2}$, où $2\alpha_0$ est l'angle sous lequel est vu le proton 1 depuis $M$, perpendiculairement à la surface de l'électron. $M$ ne reçoit pas de corpuscules des protons 2 et 3, le proton 1 formant écran.

La force électrique élémentaire exercée entre cet élément et le proton 2 est :

$$dF=\pi r_e x\cdot d\theta\cdot(1+\cos\alpha_0)\rho c^2\int_0^{\alpha 0}\frac{2\pi\sin\alpha\cdot\cos\alpha\cdot d\alpha}{4\pi},$$

où $\alpha$ est l'angle entre les trajectoires des corpuscules émis par l'élément et $OM$ et $\alpha_0$ la valeur maximum. $\int_0^{\alpha_0} \frac{2\pi \sin\alpha \cdot d\alpha}{4\pi}$ est la fraction de corpuscules émise par l'élément et atteignant le proton 1 et le terme $\cos\alpha$ correspond à la projection de la force sur $OM$.

On admettra aussi que l'ombre du proton 1 sur l'élément $M$ est constante et que le terme $(1+\cos\alpha_0) = 2$.

La force appliquée par le proton 1 sur l'élément $M$ est :

$$F = \frac{R_p^4 \rho c^2}{2} \int_{-\pi/3}^{\pi/3} \frac{1{,}3333 \cdot \cos^2\theta - 0{,}3333}{(x - 1{,}1547 \cdot R_p \cos\theta)^2} d\theta$$

La perte d'énergie potentielle par rapport au proton 1, quand la partie de l'électron vient à son contact ($x = 2{,}1547\ R_p + r_e$, avec

$r_e = 0{,}138788 R_p$) est :

$$\Delta E = \frac{R_p^3 \rho c^2}{2} \int_{-\pi/3}^{\pi/3} \frac{1.3333 \cdot \cos^2\theta - 0.3333}{2.293488 - 1.1547 \cos\theta} d\theta = \frac{R_p^3 \rho c^2}{2} 1.030354$$

(Matcad). Comme il y a 3 protons, la perte d'énergie de l'électron est : $13{,}4822.10^{-7}$ ergs, correspondant à un gain de masse de $1{,}50010.\ 10^{-27}$ g.

Le second électron subit le même gain de masse, mais avec une perte correspondant au rapprochement des deux électrons. L'énergie nécessaire peut être évaluée de la même façon que pour le rapprochement de deux protons. On a pris comme hypothèses que les électrons se croiseraient à angle droit autour de la sphère des protons et que seules les surfaces (assimilées à des sphères de rayon $r_e = 0{,}116837.10^{-13}$ cm) situées aux deux pôles seraient à prendre en compte dans le calcul des énergies.

$$\Delta E = \pi \rho c^2 r_e^4 \int_{\infty}^{2r_e} \frac{1 + \sqrt{1 - \frac{r_e^2}{x^2}}}{x^2} dx = 8{,}55983.10^{-23}\ .\ 8{,}373253.10^{13}$$

$= 0{,}071673622.10^{-7}$ergs (Matcad), correspondant à une perte de masse de $0{,}0079748.10^{-27}$ g.

Le gain de masse total des deux électrons est : $2{,}98424.10^{-27}$ g.

#### - Perte de masse des électrons

La rotation d'un électron autour des trois protons nécessite de fournir l'énergie (cf. Deutérium) :

$$\frac{1}{2}M_eV^2=\frac{\left(1{,}93075\cdot 10^{-13}\right)R_p^2\rho c^2\int_{-\pi/3}^{\pi/3}\frac{1{,}33333\cos^2\theta-0{,}33333}{\left(2{,}29349-1{,}1547\cos\theta\right)^2}d\theta}{4}$$

= 4,19398.$10^{-7}$ ergs (Matcad), correspondant à une perte de masse de 0,46664.$10^{-27}$ g. par électron, soit 0,93329 pour les deux.

Le défaut de masse du noyau de tritium est donc :

(13,12624-2,98424+0,93329)$10^{-27}$ g,

auquel il faut rajouter 2(1,39606-0,06235).$10^{-27}$g, pour se rapporter aux masses des protons et neutrons, soit 13,74271.$10^{-27}$g., conforme à la valeur expérimentale à 9,1 % près.

## Défaut de masse du noyau de $^3$He

La valeur expérimentale du défaut de masse du noyau de $^3$He ($A$ = 3, $Z$ = 2) est 13,7587 $10^{-27}$ g.

#### - Perte de masse des protons

La perte de masse due au rapprochement de trois protons, de l'infini au contact, serait égale à celle du noyau de tritium : 13,12624 $10^{-27}$ g.

#### - Gain de masse de l'électron

L'augmentation de masse de l'unique électron du noyau (il n'y a qu'un neutron selon le modèle standard) serait identique à celle de l'un de électrons du noyau de tritium : (1,50010 –0,46664)$10^{-27}$ g.

Le défaut de masse du noyau d'Hélium 3 serait donc (13,1264-1,03346) $10^{-27}$ g, auquel il faut rajouter $1,39606.10^{-27}$ g et retrancher $0,06235.10^{-27}$ g, soit 13,42649 en accord avec la valeur expérimentale, à 2,4% près.

Le défaut de masse du noyau de $^3$He est plus faible que celui du noyau de Tritium. Notre modèle rend compte d'une différence dans ce sens, due à la présence d'un seul électron dans le cas de $^3$He et de deux dans celui du Tritium.

## Défaut de masse du noyau de $^4$He

La valeur expérimentale du défaut de masse du noyau de

$^4$He ($A$ = 4 et $Z$ = 2) est 50,44177 $10^{-27}$ g.

Dans notre modèle, le noyau de $^4$He est un tétraèdre de protons entouré de deux électrons (figure **7**).

### - Perte de masse des protons

Les centres $O_1$, $O_2$, $O_3$, $O_4$, des quatre protons sont supposés être à la même distance $x$ du centre $O$ du noyau.

Chaque proton est protégé du bombardement des corpuscules par les trois autres protons. La surface qui reçoit le rayonnement est $\frac{4\pi-3(2\pi(1-\cos\alpha_0))}{4\pi}4\pi R_p^2=4\pi R_p^2(1,5\cos\alpha_0-0,5)$, où $2\alpha_0$ est l'angle sous lequel un proton est vu du centre d'un autre.

La force de répulsion $F$ appliquée par le proton 2 sur le proton 1 est :

$$F=4\pi R_p^2\rho c^2(1,5\cos\alpha_0-0,5)\int_0^{\alpha_0}\frac{2\pi\sin\alpha\cos\alpha\cdot d\alpha}{4\pi}=\pi R_p^2\rho c^2(1,5\cos\alpha_0-0,5)\sin^2\alpha_0$$

$$F=\frac{\pi R_p^4\rho c^2(1,5\cos\alpha_0-0,5)}{x^2}.$$

Le proton 3 applique la même force sur le proton 2, avec une composante selon $O_1O_2$ $\dfrac{\pi R_p^4 \rho c^2 (1{,}5\cos\alpha_0 - 0{,}5)\cos 60°}{x^2}$. La projection sur cette même ligne de la force exercée sur le proton 2 par le proton 4 a la même valeur, comme celles des protons 3 et 4 sur le proton 1. Par contre la projection de la force exercée entre les protons 3 et 4 est nulle. La résultante des projections de toutes les forces le long de la ligne 1-2 est donc : $\dfrac{\pi R_p^4 \rho c^2 (1{,}5\cos\alpha_0 - 0{,}5)(1+4\cos 60°)}{x^2}$

et l'énergie nécessaire pour les mettre en contact serait :

$$E = 3\pi R_p^4 \rho c^2 \int_{\infty}^{2R_p} \frac{\left(1{,}5\sqrt{1-\frac{R_p^2}{x^2}} - 0{,}5\right)}{x^2} dx = 38{,}4323.10^{-7} \text{ergs (Matcad)}$$

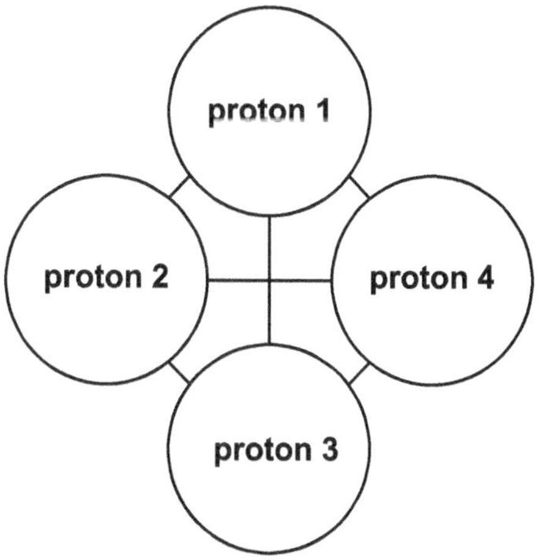


**Figure 7**
Protons du noyau de $^4He$

Quatre protons sont placés aux sommets d'un tétraèdre régulier. Dans le noyau de $^4He$, ils seraient entourés par 2 électrons.

Comme il y a trois directions arrivant au proton, l'énergie totale nécessaire pour obtenir le contact entre les protons est donc 3 fois plus grande. La perte de masse des quatre protons due à leur rapprochement serait $51{,}3140 \,.10^{-27}$ g.

**- Gain de masse des électrons**

L'augmentation de masse de chaque électron, due à son rapprochement du groupe des protons, peut être calculée :

$R_e = 2{,}224745\ R_p + r_e$,

et selon (10) $r_e(2{,}224745\,R_p + r_e) = \dfrac{R_p^2}{\pi}$

On obtient $r_e = 0{,}134897\ R_p$ et $R_e = 1{,}98644\ 10^{-13}$ cm.

La force électrique entre un élément $M$ de l'électron dans la direction $\theta$, entre $-\pi/3$ et $\pi/3$, et le proton 1 est $dF = \pi\, r_e\, x(1 + \cos\alpha_0)\rho\, c^2 \cdot \dfrac{\sin^2\alpha_0}{4} d\theta$.
On admettra comme plus haut que $\cos\alpha_0 = 1$, et l'on peut démontrer que :

$$\sin^2\alpha_0 = \frac{1.5 \cdot R_p^2 \cdot \cos^2\theta - 0.5 R_p^2}{(x - 1.22475 \cdot R_p \cos\theta)^2}.$$

La perte d'énergie potentielle de la partie de l'électron par rapport au proton 1 quand elle vient à son contact est :

$$\Delta E = \frac{R_p^3 \rho c^2}{2} \int_{-\pi/3}^{\pi/3} \frac{1.5 \cdot \cos^2\theta - 0.5}{2.35964 - 1.22475\cos\theta} d\theta = \frac{R_p^3 \rho c^2}{2} 0{,}95981 \text{ (Matcad).}$$

$= 4{,}18637.10^{-27}$ ergs.

L'élément $M$ ne reçoit aucun corpuscule provenant des autres protons, le proton 1 servant d'écran.

Comme il y a 4 protons, la perte d'énergie de l'électron est : $16{,}74549.10^{-7}$ ergs, correspondant à un gain de masse de $1{,}86319.10^{-27}$ g.

Le second électron subit le même gain de masse, mais avec une perte correspondant au rapprochement des deux électrons. L'énergie nécessaire à ce dernier peut être évaluée de la même façon que dans le cas du Tritium, la surface des électrons à prendre en compte étant celle d'une sphère de rayon $r_e = 0{,}11356.10^{-13}$ cm.

$$\Delta E' = \pi \rho c^2 r_e^4 \int_{\infty}^{2r_e} \frac{1 + \sqrt{1 - \frac{r_e^2}{x^2}}}{x^2} dx = 7{,}6391.10^{-23} .8{,}61489.10^{13} \text{ (Matcad)}$$

$= 0{,}065810.10^{-7}$ ergs, correspondant à une perte de masse de $0{,}00732.10^{-27}$g.

Le gain de masse total des deux électrons est : $3{,}7117.10^{-27}$ g.

**- Perte de masse des électrons**

La rotation d'un électron autour des quatre protons nécessite de fournir l'énergie (cf. Deutérium) :

$$\frac{1}{2}M_eV^2=\frac{\left(1{,}98644\cdot 10^{-13}\right)R_p^2\rho c^2\displaystyle\int_{-\pi/3}^{\pi/3}\frac{1{,}5\cos^2\theta-0{,}5}{\left(2{,}35964-1{,}2247\cos\theta\right)^2}d\theta}{4}$$

= 4,06311.10$^{-7}$ ergs, correspondant à une perte de masse de 0,45208.10$^{-27}$ g. par électron, soit 0,90416.10$^{-27}$ g. pour les deux.

Le défaut de masse du noyau d'Hélium 4 serait, selon notre modèle :

(51,314-3,7117+0,90416)10 $^{-27}$ g, auquel il faut rajouter, puisqu'il y a 2 électrons, 2x(1,39606-0,0625)10 $^{-27}$ g soit 51,1173.10 $^{-27}$ g. en accord avec la valeur expérimentale à 1,45 % près.

## Défauts de masse comparés des noyaux de $^{56}$Fe et de $^{238}$U

La valeur expérimentale du défaut de masse du noyau de $^{56}$Fe (A= 56 et Z= 26) est de 877,56.10$^{-27}$ g, soit 15,67. 10$^{-27}$ g/nucléon.

Nous avons choisi comme modèle du noyau de $^{56}$Fe un agglomérat de 56 protons accolés, formant une quasi-sphère creuse. Une sphère pleine conduirait à des défauts de masse non conformes aux valeurs expérimentales. Elle serait entourée de 30 électrons au contact, tournant autour d'elle, et en équilibre avec elle (la force centrifuge étant égale à la force d'attraction électrique).

La distance *d* des centres des protons au centre de la sphère est telle que $4\pi d^2=\frac{56}{0{,}9069}\cdot\pi R_p^2$ (le terme 0,9069 correspond à la juxtaposition de sphères identiques sur un plan), soit *d* = 3,3076.10$^{-13}$ cm, et le rayon extérieur du noyau de $^{56}$Fe serait :

$R_{Fe}=d+R_p$= 4,149445.10$^{-13}$ cm. Le vide central du noyau de Fer aurait pour rayon 2,466.10$^{-13}$ cm.

La valeur expérimentale du défaut de masse du noyau de $^{238}$U (A=238 et Z=92) est de 3183,84 10$^{-27}$ g, soit 13,48.10$^{-27}$ g/nucléon.

Le noyau de $^{238}U$ serait constitué de 238 protons juxtaposés de façon à former une quasi-sphère creuse. Elle serait entourée de 146 électrons, au contact, tournant autour d'elle et en équilibre avec elle. Selon le même raisonnement que pour le Fer, le rayon extérieur du noyau de $^{238}U$ serait $R_U = 6{,}8188.10^{-13} + 0{,}84184.10^{-13} = 7{,}6606.10^{-13}$ cm. Le vide central du noyau d'Uranium aurait pour rayon $5{,}9769.10^{-13}$ cm.

**- Perte de masse des protons**

Le travail de protons répartis uniformément sur une sphère de diamètre infini, pour se rassembler en une quasi-sphère creuse de protons jointifs n'est pas calculable par une formule mathématique.

Par approximation, nous pouvons calculer le travail des forces de répulsion électrique de 7 protons, sur une portion de sphère, aboutissant à 6 protons jointifs entourant un proton central (figure **8**).

Par approximation encore, chaque proton est protégé du bombardement des corpuscules par les six protons les plus proches. La surface qui reçoit le rayonnement est, par analogie avec les éléments légers : $\frac{4\pi-6(2\pi(1-\cos\alpha_0))}{4\pi}4\pi R_p^2 = 4\pi R_p^2(3\cos\alpha_0-2)$, où $2\alpha_0$ est l'angle sous lequel un proton est vu du centre du proton le plus proche.

Le travail de la force exercée par le proton 1 sur le proton 0 au cours du rapprochement est :

$$\pi R_p^4 \rho c^2 \int_{\infty}^{2R_p} \frac{3\sqrt{1-\frac{R_p^2}{x^2}}-2}{x^2} dx.$$

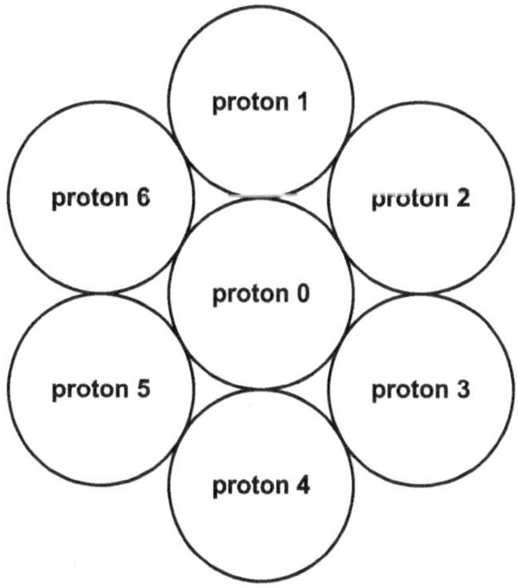


**Figure 8**
Protons juxtaposés et équidistants du centre du noyau

Le travail de la projection de cette force sur le plan de l'hexagone est : $\pi R_p^4 \rho c^2 \cos\theta \int_{\infty}^{2R_p} \frac{3\sqrt{1-\frac{R_p^2}{x^2}}-2}{x^2} dx$, avec $\theta$, l'angle de la direction 1-0 avec le plan de l'hexagone, tel que $\cos\theta = 0.967068$

Le même travail est effectué par la projection de la force exercée par le proton 4 sur le proton 0.

Le travail des projections sur l'axe 1-4 des forces exercées par les protons 2,3,5 et 6 sur le proton 0 est : $\frac{1}{2}\pi R_p^4 \rho c^2 \cos\theta \int_{\infty}^{2R_p} \frac{3\sqrt{1-\frac{R_p^2}{x^2}}-2}{x^2} dx$

Le travail des forces de 2 sur 1, 3 sur 4, 5 sur 4 et 6 sur 1 est : $\frac{1}{2}\pi R_p^4 \rho c^2 \int_{\infty}^{2R_p} \frac{3\sqrt{1-\frac{R_p^2}{x^2}}-2}{x^2} dx$.

Le travail des forces de 2 sur 3 ou de 5 sur 6 est :

$$\pi R_p^4 \rho c^2 \int_{\infty}^{2R_p} \frac{3\sqrt{1-\frac{R_p^2}{x^2}}-2}{x^2} dx$$

Dans le cas du Fer, le total du travail des forces selon cet axe est donc :

$$7{,}868272 \pi R_p^4 \rho c^2 \int_{\infty}^{2R_p} \frac{3\sqrt{1-\frac{R_p^2}{x^2}}-2}{x^2} dx =$$

$0{,}5166269.10^{13}$ x $181{,}1527.10^{20}$ergs $=93{,}7818.10^{-7}$ ergs, (Matcad) correspondant à une diminution de masse de $10{,}43466.10^{-27}$ g.

Comme il y a 3 axes différents partant du proton 0 et 7 protons, la perte de masse du noyau de fer entier, due au rapprochement des protons, serait, selon un raisonnement analogue à celui utilisé pour les éléments légers, $\frac{3 \times 7 \times 56}{7}$ fois plus grande, soit $1753{,}02.10^{-27}$g.

Dans le cas de l'Uranium 238, $\cos \theta = 0{,}99234$

Le total du travail des forces selon l'axe 1-4 est :

$$7{,}96936 \pi R_p^4 \rho c^2 \int_{\infty}^{2R_p} \frac{3\sqrt{1-\frac{R_p^2}{x^2}}-2}{x^2} dx =$$

$0{,}5166269.10^{13}$ x $183{,}8592.10^{-20}$ ergs = $94{,}9866.10^{-7}$(Matcad), correspondant à une perte de masse de $10{,}56872.10^{-27}$ g.

La perte de masse du noyau d'Uranium, due au rapprochement des protons serait $\frac{3x7x238}{7}$ plus grande, soit $7546{,}06.10^{-27}$ g.

**- Gain de masse des électrons**

Les noyaux des éléments de masses atomiques élevées étant supposés sphériques, le travail du premier électron (correspondant à un neutron dans le modèle classique) pour se placer au contact des protons, serait :

$$\Delta E_e = \int_{\infty}^{R_N+r_e} \frac{\pi \rho c^2 R_p^2 R_N^2 \left(1+\sqrt{1-\frac{R_N^2}{x^2}}\right)}{2x^2} dx$$

Pour le $^{56}Fe$, $r_e = 0{,}053671.10^{-13}$ cm, selon (10), $R_N + r_e = 4{,}20311.10^{-13}$ cm.

$\Delta E_e = 0{,}42686977.10^{13} \text{ x } 280{,}2547.10^{-20} = 119.632.10^{-7}$ergs

Le travail du second électron pour venir en contact avec l'ensemble des protons et du premier électron serait les 55/56èmes de celui du premier, une charge étant neutralisée. Pour obtenir le travail des 30 électrons, on devrait multiplier celui du premier par $\frac{1}{56}\sum_{26}^{56} N = \frac{1}{56}\left(\sum_{1}^{56} N - \sum_{1}^{26} N\right) =$ 22,23214, ce qui donne $2659{,}68.10^{-7}$ergs, correspondant à un gain de masse de $295{,}93.10^{-13}$ g.

En ce qui concerne l'Uranium 238, $r_e = 0{,}029335.10^{-13}$ cm, et $R_N + r_e = 7{,}68993.10^{-13}$ cm.

Le travail du premier électron pour se placer au contact des protons est : $\Delta E_e = 0{,}23253559.10^{13} \text{ x } 955{,}209.10^{-20} = 222{,}1201.10^{-7}$ ergs. Le travail de l'ensemble des électrons est le multiple $\frac{1}{238}\sum_{92}^{238} N = \frac{1}{238}\left(\sum_{1}^{238} N - \sum_{1}^{92} N\right)$ =101,5252 de celui du premier, soit $22550{,}78.10^{-7}$ ergs, correspondant à un gain de masse de $2509{,}12.10^{-27}$ g.

**- Perte de masse des électrons**

Par rotation autour des protons

L'énergie de rotation d'un électron tournant autour des protons et en équilibre avec eux (l'attraction étant égale à la force centrifuge) est:

$$\frac{1}{4}\frac{R_N^2 R_p^2 \rho c^2 \left(1+\sqrt{1-\frac{R_N^2}{(R_N+r_e)^2}}\right)}{R_N+r_e}.$$

Soit pour le Fer : 12,30248.10$^{-7}$ ergs, et pour les 30 électrons, 369,0744.10$^{-13}$ ergs, correspondant à 41,065. 10$^{-27}$ g.

Pour l'Uranium 238, la perte de masse par rotation des 146 électrons serait de 349,17.10$^{-27}$ g.

Par rapprochement mutuel

On a fait plus haut l'hypothèse que les électrons se rassemblaient régulièrement autour de la sphère des protons selon un axe commun et qu'ils n'étaient en contact mutuel qu'aux deux pôles. On a admis que les surfaces en contact étaient assimilables à celle d'une sphère de rayon $r_e$.

Pour le Fer, l'énergie nécessaire au rapprochement des électrons entre eux serait donnée par la formule :

$$\Delta E = \pi \rho c^2 r_e^4 \sum_1^{30} \int_{\infty}^{r_e\left(1+\frac{N}{0.74}\right)^{1/3}} \frac{1+\sqrt{1-\frac{r_e^2}{x^2}\cdot\frac{N}{0.74}^{\frac{2}{3}}}}{x^2}dx,$$

où le terme 0,74 correspond à l'empilement compact de sphères. La perte de masse serait de 0,00411.10$^{-27}$ g (Matcad).

Pour l'Uranium, $\Delta E' = \pi \rho c^2 r_e^4 \sum_1^{146} \int_{\infty}^{r_e\left(1+\frac{N}{0.74}\right)^{\frac{1}{3}-1}} \frac{1+\sqrt{1-\frac{r_e^2}{x^2}\cdot\frac{N}{0.74}^{\frac{2}{3}}}}{x^2}dx.$

La perte de masse serait de 0,00220.10$^{-27}$ g (Matcad). Ces deux valeurs sont négligeables devant celles précédemment calculées.

**- Défauts de masse totaux**

Les valeurs de défaut de masse classiques sont calculées à partir des masses du neutron et du proton. Nous devons ajouter à la perte de masse des électrons et des protons, calculée selon notre modèle, la quantité $N(1,39606\text{-}0,06235)10^{-27}$g, (voir plus haut), où $N$ est le nombre d'électrons dans le noyau (ou le nombre de neutrons dans la théorie classique) : soit, pour le Fer, $40,01.10^{-27}$ g et pour l'Uranium, $194, 72.10^{-27}$ g.

Le défaut de masse total serait ainsi de $1538,16.10^{-27}$ g pour le noyau de l'atome de $^{56}$Fe, soit $27,46.10^{-27}$g par nucléon, et de $5580,83.10^{-27}$ g pour $^{238}$U, soit $23,45.10^{-27}$ g par nucléon.

Ce modèle rend bien compte du fait que le Fer est plus stable que l'Uranium.

Le rapport des défauts de masse est conforme à la valeur expérimentale :1,17.

Cependant les valeurs des défauts de masse des deux éléments sont trop élevées. Ceci peut être dû à une mauvaise extrapolation entre la valeur de l'énergie de l'hexagone, comparée à celle du noyau entier.

**En conclusion**, selon notre théorie, le noyau atomique serait formé par un agglomérat de protons, formant une quasi-sphère creuse lorsque le nombre de protons est grand, entouré d'électrons tournant autour, à son contact et en équilibre avec lui. La variation de l'énergie totale des particules séparées serait compensée par une variation de masse. Le défaut de masse par nucléon, calculé pour les quatre éléments les plus légers, est en accord avec les valeurs expérimentales (avec une erreur relative comprise entre 9,1% et 1,4%) et il est plus faible pour $^{3}$He que pour le Tritium et pour $^{238}$U que pour $^{56}$Fe. Ce modèle rend compte de l'augmentation de masse du neutron (par rapport à la somme proton + électron), avec une erreur relative de 1,6%. Les hypothèses utilisées sont logiques et simples et aucun autre coefficient n'a été adapté pour obtenir ces résultats.

# PHYSIQUE QUANTIQUE

La physique des particules, telle qu'elle a été élaborée au début du XX$^{e}$ siècle, a permis d'expliquer de façon satisfaisante les spectres discontinus d'émission et d'absorption de la lumière par la matière : les électrons ne pourraient circuler autour du noyau des atomes que sur des trajectoires d'énergie bien définies, le passage de l'une à l'autre correspondant à ces raies. Elle a permis aussi d'expliquer et de prévoir les propriétés chimiques de nombreux éléments. Ceci a été l'œuvre d'un petit nombre de physiciens : principalement Bohr, Born, de Broglie, Dirac, Ehrenfest, Heisenberg, Pauli, Planck, Rutherford, Schrödinger, Sommerfeld, et, bien entendu, Einstein.

C'est quand il a fallu expliquer les résultats incompréhensibles d'expériences entre électrons ou photons intriqués que des théories peu compatibles avec le sens commun ont été imaginées, conduisant à des désaccords des physiciens de la physique quantique entre eux et avec les partisans de la physique classique.

# *Les expériences paradoxales*

## Expérience de Stern et Gerlach

Elle consiste à faire passer des atomes d'argent dans un champ magnétique non uniforme. Dans leur état fondamental, les atomes d'argent n'ont pas de moment magnétique orbital, et le faisceau ne devrait pas subir l'influence du champ magnétique. Or on observe la séparation du faisceau en deux. On est donc obligé d'avoir recours à une théorie. La notion de spin de l'électron fut introduite par la suite par Pauli pour rendre compte d'un autre résultat expérimental, l'effet Zeeman anomal. Les deux faisceaux de l'expérience de Stern et Gerlach correspondraient aux deux états du spin total de l'atome d'argent, qui serait la résultante des spins des électrons entourant le noyau.

Mais comme l'a fait remarquer Einstein : « Le phénomène observé détermine certains événements dans notre dispositif de mesure, ce qui introduit de nouveaux processus dans ce dispositif, lesquels, par des cheminements complexes, finissent par créer des impressions sensorielles et contribuent à en fixer les effets dans notre conscience. Ces effets dépendent de nos théories » [24].

Or il a été admis, intuitivement et tacitement, que l'électron avait la forme d'une sphère. On n'a pu évaluer sa taille, et cette question est restée évitée et considérée comme triviale et sans intérêt. Mais comment peut-on attribuer un moment cinétique de spin à une particule dont on ne connaît pas ses caractéristiques ?

Nous avons fait dans le chapitre **Forces électriques et électromagnétiques** l'hypothèse que l'électron libre aurait la forme d'un tore de rayon $R_e$=0,73798.$10^{-10}$ cm et de rayon du tube $r_e$=0,30568.$10^{-16}$ cm.

Ce serait un tore filiforme, dont les dimensions pourraient varier en respectant la relation : $R_p^2 = \pi R_e r_e$.

On imagine qu'il puisse alors tourner autour de l'axe perpendiculaire au plan du tore. Il aurait alors un spin de +1/2 (par exemple en tournant dans le sens positif, vers la droite sur la figure, ou de –1/2 en tournant dans le sens inverse, vers la gauche).

Mais il pourrait aussi tourner autour de l'axe du tube.

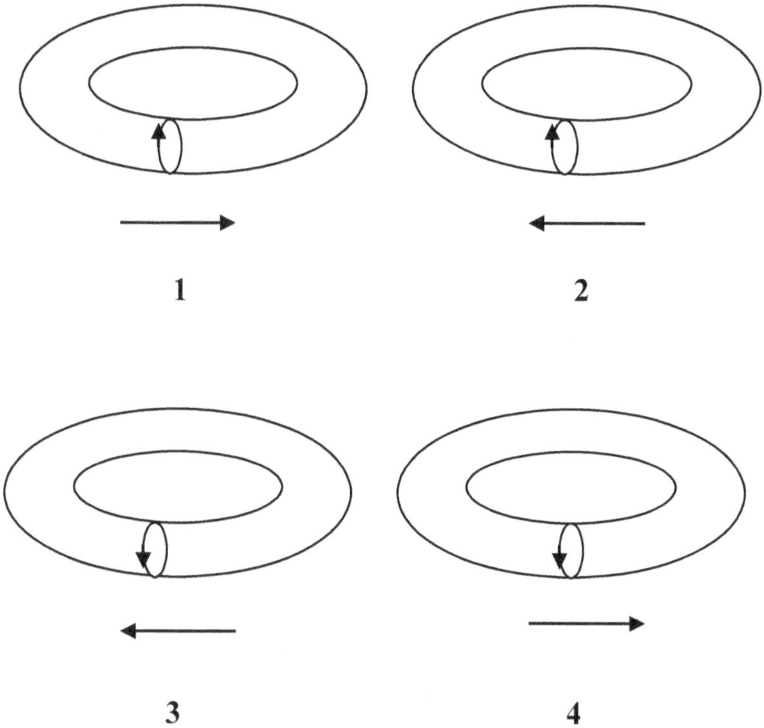


**Figure 9**
Les différentes configurations de l'électron

On aurait alors 4 catégories d'électrons (figure **9),** dont deux seulement seraient distinctes, les cas 1 et 3 d'une part et 2 et 4 d'autre part étant respectivement identiques, par retournement.

On conçoit qu'un mélange d'électrons pénétrant dans un appareil de Stern et Gerlach horizontal soit partagé en deux faisceaux rassemblant d'un côté 1 (droit, h) et 4 (droit, b) et de l'autre, 2 (gauche, h) et 3 (gauche, b). Quand on fait repasser le groupe 1+4 dans un second appareil de même type mais tourné de 90° par rapport au précédent, on sépare 1 de 4. Quand on analyse 1 de nouveau par un 3$^{ème}$ appareil parallèle au premier, on peut s'attendre à n'avoir logiquement qu'un faisceau, 1. Or on en obtient deux, ce qui est d'ailleurs compatible avec nos hypothèses, puisque 1 (droit, h) peut se transformer par moitié en 3 (gauche, b), qui lui est identique.

Si des électrons (droit, h et b) sont séparés verticalement en deux faisceaux (droit, h) et (droit, b), reconstitués, puis analysés horizontalement, on n'observe qu'un faisceau (droit h et b), ce qui est encore compatible avec nos hypothèses. Lorsqu' un seul faisceau, issu de la séparation verticale (droit, b), par exemple, est analysé horizontalement, on observe deux faisceaux, car (droit, b) se scinde par moitié en (gauche, h) qui lui est identique.

Toutes ces expériences peuvent s'expliquer logiquement en faisant l'hypothèse que l'électron peut tourner autour de deux axes perpendiculaires : celui perpendiculaire au plan du tore et celui du tube.

## Fentes de Young

L'expérience que Young effectua en 1801 consiste à éclairer à partir d'une même source deux fentes étroites parallèles. Sur un écran parallèle aux fentes et situé à grande distance devant l'intervalle entre elles, on observe des images symétriques et d'intensité décroissante à mesure que l'on s'éloigne du plan de symétrie.

Ce résultat s'explique parfaitement par la diffraction de la lumière, supposée de nature ondulatoire, par passage dans les fentes, et recombinaison des deux faisceaux. Si l'on utilise des électrons il n'est pas surprenant d'obtenir un résultat analogue, toute particule pouvant être assimilée à une onde.

Ce qui parait incompréhensible est qu'en envoyant des électrons un par un, on aboutisse à une figure d'interférence. L'interprétation quantique standard est évidemment contre-intuitive : le quantum prendrait un état superposé et passerait par les deux fentes en même temps puis interférerait avec lui-même. On démontre que la distribution des probabilités de la fonction d'onde résultante suit la figure d'interférence.

Notre explication, dans le cas des électrons est la suivante : selon l'hypothèse du chapitre **Forces électriques et électromagnétiques** les électrons seraient des tores pulsants de fréquence et de phase communes à toutes les particules de ce type. Chaque électron passerait individuellement par une ou l'autre des fentes, serait dévié par interaction avec les atomes des bords de fente et arriverait sur l'écran avec une phase correspondant au trajet qu'il a suivi. Au point situé à égale distance des deux fentes, et à chacun des points de l'écran pour lesquels la différence de trajet à partir de l'une ou de l'autre fente est égale à la longueur d'onde des électrons, les deux phases seraient identiques. Aux points de l'écran pour lesquels les différences de marche sont égales à un multiple impair de la demi-longueur d'onde, les phases seraient opposées.

Si la détection sur l'écran utilise un phénomène (fluorescence, phosphorescence…) dont la constante de temps est plus grande que l'intervalle de temps entre deux arrivées d'électron en un même point de l'écran, il y aura addition (ou soustraction) des apports d'énergie des électrons ayant passé par l'une ou par l'autre des deux fentes et présentant des phases différentes, comme si deux faisceaux continus avaient interféré. Si l'on obturait une fente, on ne pourrait obtenir en un point quelconque de l'écran des électrons présentant des phases différentes, donc une figure d'interférence.

Cette explication est basée sur l'hypothèse que tous les électrons ont la même fréquence et la même phase de vibration. On devrait pouvoir avoir le même résultat avec des protons. Puisqu'on peut observer ce phénomène avec des photons, il faut en déduire que ceux qui sont utilisés dans cette expérience ont ces caractéristiques en commun.

## *Second postulat de Bohr*

Nous avons fait l'hypothèse dans le chapitre **Forces électriques et électromagnétiques** que l'électron était un tore filiforme de rayon $R_e$ et de rayon de tube $r_e$. Lorsqu'il tourne autour d'un proton, celui-ci est situé en son centre et les valeurs de son rayon et du rayon du tube sont reliés par la relation 10.

L'énergie de rotation du tore de l'électron autour du proton est :

$$\frac{1}{2}I\omega^2=\frac{1}{2}M_eR_e^2\omega^2=\frac{1}{2}M_eV^2$$

où $\omega$ est la vitesse angulaire et $V$ la vitesse de rotation de l'électron dans son plan.

L'électron doit effectuer une rotation de $4\pi$ pour être identique à lui-même ($2\pi$ selon l'axe du tore et $2\pi$ selon l'axe du tube). La période $T$ de son mouvement circulaire à vitesse constante $V$ autour du proton est alors : $T=\frac{4\pi R_e}{V}$.

Il entraîne complètement les corpuscules de l'éther qu'il contient. Une onde de même période et ses harmoniques de périodes $T_w/n$, où $n$ est un nombre entier, seraient émis par ce mouvement dans le vide environnant : $T_w=\frac{4\pi R_e}{n\cdot V}=\frac{2\pi\cdot M_e\cdot R_e\cdot V}{n\frac{1}{2}M_e\cdot V^2}=\frac{1}{\nu_w}=\frac{h}{h\nu_w}$.

En faisant l'hypothèse que l'énergie de l'onde $h\nu_w$ est égale à celle de l'électron (somme de son énergie cinétique et de son énergie potentielle lorsqu'il est en équilibre autour du proton), $\frac{1}{2}M_e\cdot V^2=h\nu_w$, on obtient : $M_e\cdot R_e\cdot V=n\frac{h}{2\pi}$ (19), qui est le second postulat de Bohr.

# *Spin des particules*

L'énergie de rotation d'un électron tournant dans son plan avec la vitesse angulaire $\omega_e$ est $\frac{1}{2} I_e \omega_e^2$ . Si l'on fait l'hypothèse qu'il tourne aussi autour de l'axe de son tube, l'énergie totale de rotation est le double, les deux énergies se répartissant de façon égale.

L'énergie de vibration serait, pour la même raison, égale à l'énergie de rotation.

L'énergie totale serait donc égale à $2\ I_e\ \omega_e^{\ 2}$.

L'électron entraîne dans ces mouvements l'éther qui le pénètre et qui émet une onde $h\nu_e = 2 I_e \omega_e^2$ . Il en découle : $I_e \omega_e = \frac{h\nu_e}{2\omega_e} = \frac{h}{4\pi}$ (20).

D'autre part, on peut décomposer le proton en de multiples tores infiniment fins, tournant avec la même vitesse angulaire $\omega_p$ . $2 I_i \omega_p^2 = h\nu_i$ , où $I_i$ et $\nu_i$ sont relatifs à ces tores.

Les énergies de ces tores s'additionnant, on a : $2 I_p \omega_p = \frac{h\nu_p}{\omega_p}$ , et $I_p \omega_p = \frac{h}{4\pi}$ (20).

# *Le photon*

Le photon est une entité hypothétique contenant une énergie vibratoire et se déplaçant à la vitesse de la lumière. Il est produit lors de transition électronique ou nucléaire, par annihilation de particules ou en général lorsqu'une particule chargée est accélérée.

Lorsqu'un photon interagit avec un atome (par exemple avec ceux des bords d'une fente de Young), il cède une partie de son énergie et se scinde en photons de volumes plus petits (voir plus loin). Le photon se transforme alors en ondes de vibration du milieu, il y a dualité entre photons et ondes.

Un photon peut extraire un électron d'un métal s'il est assez puissant, c'est-à-dire si sa fréquence est assez élevée, tandis qu'il ne le peut pas si la fréquence est trop basse, même si l'amplitude de vibration est plus grande, et l'énergie égale. Ceci est dû à ce que la puissance délivrée est plus grande dans le premier cas.

Les corpuscules du milieu, responsables de la gravitation, ont des fréquences du même ordre de grandeur que les photons du fond diffus cosmologique : ils leur sont comparables (voir chapitre **Evolution de l'univers**). Ils sont beaucoup moins énergétiques que les photons de lumière visible, donc plus petits (voir plus loin), leur aspect de fins granules les fait ressembler à des ondes du milieu.

Le photon ne serait pas comparable à une onde électromagnétique transverse, mais à une onde longitudinale. Cependant sa formation est due à l'accélération de particules chargées.

Au cours de l'annihilation des particules, celles-ci se scindent en vibrations se déplaçant en sens opposé. Dans chaque sens, les vibrations de chacune d'elles s'additionnent et forment deux photons de quantités de mouvement, de phases et de sens de rotation opposés.

Les photons peuvent être polarisés circulairement ou linéairement, par superposition de deux états d'hélicité opposée.

## Dimensions des photons

L'énergie d'un photon issu de l'annihilation d'une particule, constitué de vibrations circulant dans la même direction, et supposé homogène et de volume $V$ est : $\rho V \cdot a^2 \omega^2 = \frac{4\pi^2 \rho V a^2 c^2}{\lambda^2} = h\nu$, où $\nu$ est la fréquence de ce photon. Il vient : $V = \frac{h\nu}{4\pi^2 \rho c^2} \frac{\lambda^2}{a^2}$ (21).

D'après $M_p == \frac{16a^2 \rho \pi^3 R_p^3}{3\lambda^2}$ (12) et $M_e = \frac{8a^2 \rho \pi^2 R_p^4}{\lambda^2 R_e}$ (13),

(voir chapitre **Forces électriques et électromagnétiques**), $\frac{a^2}{\lambda^2} = 10{,}42$, indépendant de la particule, donc $V$ est proportionnel à $\nu$.

Les volumes des photons issus de l'annihilation du proton et de l'électron sont respectivement de $2{,}4992.10^{-39}$ cm$^3$ et $1{,}36115.10^{-42}$ cm$^3$, et les rayons, de $0{,}84186.10^{-13}$cm et $0{,}6875.10^{-14}$ cm, en admettant que les énergies sont réparties de façon homogène.

On remarquera que le photon issu de l'annihilation d'un proton a la même dimension que celui-ci, ce qui est prévisible puisqu'on admet qu'il est sphérique et qu'il contient la même énergie que le proton.

## *Détermination des caractéristiques des particules chargées à partir de celles de l'éther*

Les caractéristiques des particules élémentaires chargées (protons, électrons) sont-elles entièrement déterminées par celles de l'éther ?

Selon notre modèle, inspiré de celui de Fatio et de Le Sage, l'éther serait constitué de corpuscules de masse $m$, plusieurs ordres de grandeur plus petite que celles des particules, animés de vitesse $c$, vitesse de la lumière = $2{,}99792.10^{10}$ cm/s et sans interaction entre eux. Ce milieu serait homogène et isotrope, analogue à un gaz parfait et de densité $\rho$ = 1,626874 g/cm$^3$ (calculé à partir de la force de répulsion entre deux protons de rayon $R_p = 0{,}84184.10^{-13}$ cm [7] ) (6), voir chapitre **Forces électriques et électromagnétiques**.

Les caractéristiques des particules chargées sont leurs masses $M_p$ et $M_e$, leurs dimensions $R_p$, rayon de la sphère du proton, $R_e$, $r_e$, respectivement rayons du tore et du tube de l'électron et leurs vitesses de rotation $\omega_p$ et $\omega_e$, soit 7 inconnues.

On a 5 équations (voir chapitre **Forces électriques et électromagnétiques**) :

- i $M_p=\frac{16a^2\rho\pi^3R_p^3}{3\lambda^2}$ (12),

-ii $M_e=\frac{8a^2\rho\pi^2R_p^4}{\lambda^2R_e}$ (13),

résultant des hypothèses selon lesquelles la matière serait formée par l'établissement d'ondes stationnaires de longueur d'onde $\lambda$ et que le proton aurait la forme d'une sphère et l'électron, celle d'un tore.

-iii $\pi r_eR_e=R_p^2$ (10), exprimant l'égalité des surfaces des protons et des électrons, correspondant à l'égalité des charges électriques.

On en déduit également que les densités des deux types de particules sont homogènes et égales à $\frac{4\pi^2a^2\rho}{\lambda^2}$=0,6692.10$^{15}$ g/cm$^3$, selon les déterminations de la masse et du volume du proton.

-iv $I_p\omega_p=\frac{h}{4\pi}$ (20), moment cinétique de spin, équation classique de la physique quantique, avec $I_p=0{,}4M_pR_p^2$ (15), puisque la densité du proton est homogène.

-v De la même façon, $I_e\omega_e=\frac{h}{4\pi}$ (20), avec $I_e=M_eR_e^2$ (16) , puisque l'électron est supposé être un tore filiforme.

La constante de Planck est déterminée par la relation $Mc^2=h\nu$, où $\nu$ est la fréquence des photons d'annihilation des particules, $h$ = 6,62607.10$^{-27}$ g.cm$^2$ s$^{-1}$ La même relation relie la masse des corpuscules de gravitation, assimilés aux photons du fond diffus cosmologique (voir plus loin chapitre **Evolution de l'univers**), à leur fréquence ν = 2,82237.10$^{11}$s$^{-1}$, déterminée par la longueur d'onde du maximum du spectre $\lambda_m$ = 0,10622 cm.

Il manque encore deux équations pour que l'on puisse, à partir des caractéristiques des corpuscules constituant l'éther, définir celles des particules chargées élémentaires de la matière.

Après de nombreux essais infructueux, une relation contenant $M_p$ et $R_p$ s'est avérée vérifiée à $7{,}2.10^{-4}$ près :

$$M_p R_p c = \frac{2h}{\pi} \quad (22).$$

Une valeur plus précise de $R_p$ que celle obtenue expérimentalement [7] peut en être déduite : $R_p = 0{,}841235.10^{-13}$ cm.

Une relation analogue relie $M_e$ et $R_e$, mais selon (14) ($\frac{M_p}{M_e} = \frac{2\pi R_e}{3R_p}$), on doit avoir :

$$M_e R_e c = \frac{3h}{\pi^2} \quad (23),$$

qui est vérifiée à $6{,}4.10^{-4}$ près. Selon cette relation, la valeur de $R_e$ est alors $0{,}737510.10^{-10}$ cm.

Ces deux dernières relations, obtenues empiriquement, peuvent être exprimées en fonction des longueurs d'onde d'annihilation :

Selon $Mc^2 = h\nu_{annihil} = \frac{hc}{\lambda_{annihil}}$, on a :

$$R_p = \frac{2\lambda_{annihilproton}}{\pi} \; (24) \text{ et } R_e = \frac{3\lambda_{annihilelectron}}{\pi^2} \; (25).$$

Comment peut-on justifier ces deux relations ?

En ce qui concerne l'équation (24), supposons que le photon d'annihilation du proton se déplace en tournant sans glisser, selon les trois axes de l'espace, avec la vitesse équatoriale égale à la vitesse de la lumière.

La longueur d'onde de rotation selon chacun de ces axes est $\lambda_{rot} = 2\pi R_p$ et la fréquence de rotation $\nu_p$.

L'énergie de rotation $h\nu_{px} = h\nu_{py} = h\nu_{pz}$ est égale à l'énergie de vibration du photon et donc au quart de l'énergie totale d'annihilation : $\frac{h\nu_{annihilation}}{4} = h\nu_{rot}$ .

On a donc : $\lambda_{rot} = 4\,\lambda_{annihilationprot} = 2\pi\,R_p$, qui est l'équation (24).

Dans le cas de l'électron, l'équation (23) est déduite de (22) en appliquant (14) : $\frac{M_p}{M_e} = \frac{2\pi R_e}{3R_p}$ . On obtient alors (25).

**En conclusion** de ce chapitre, avec les hypothèses que nous avons adoptées, il est possible de rendre compte de façon logique des expériences de Stern et Gerlach et des fentes de Young. On peut également faire la démonstration de la formule du moment cinétique de spin de l'électron et du proton et du second postulat de Bohr.

Deux relations, vérifiées expérimentalement à $7{,}2.10^{-4}$ et $6{,}4.10^{-4}$ près, ont été trouvées empiriquement et l'on a pu leur donner une justification théorique. Elles viennent compléter celles démontrées dans le chapitre **Forces électriques et électromagnétiques,** permettant de calculer les caractéristiques des particules matérielles élémentaires (masses, dimensions, vitesses de rotation), à partir de celles des corpuscules de l'éther (masse des corpuscules, vitesse, amplitude et fréquence de vibration, densité de l'éther).

# PHÉNOMÈNES LUMINEUX

Dans ce chapitre, la lumière est considérée comme une onde, caractérisée par sa fréquence et sa phase.

Les mêmes raisonnements sont valables pour les photons, d'énergie et de phase (ou de polarisation) données.

## *Polarisation de la lumière*

Le milieu hypothétique de Fatio [1] et Le Sage [2], constitué de corpuscules plusieurs ordres de grandeur plus petits que les particules élémentaires, circulant à la vitesse de la lumière *c* et sans interactions entre eux, peut être comparé à un gaz parfait. Seules des vibrations de type longitudinal devraient pouvoir se propager. Comment peut-on expliquer les phénomènes de polarisation de la lumière ?

Les sources ordinaires de lumière sont constituées d'une multitude de sources ponctuelles, quelquefois de même fréquence, mais de phases différentes, changeant environ $10^9$ fois par seconde. Seuls les effets moyens sont observés.

Il existe cependant, dans certaines conditions, une ou plusieurs directions de plans dans lesquels tous les trains d'ondes, provenant d'une source ponctuelle, se propagent avec la même phase. Elles sont obtenues par exemple par réflexion de la lumière naturelle ou par passage à travers des cristaux, comme le spath d'Islande. Dans ces plans, que par analogie avec la théorie classique nous appellerons plans de polarisation, les effets des différents trains d'ondes s'additionnent (figure **10**).

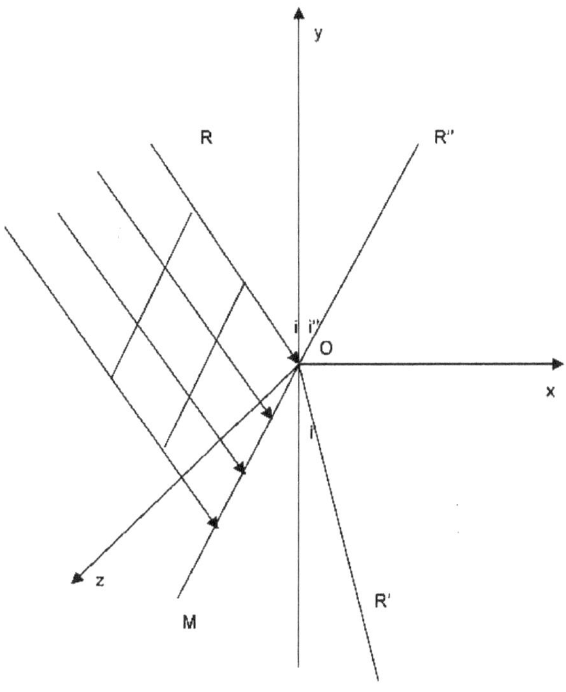


**Figure 10**
Polarisation de la lumière

Les vibrations longitudinales d'un faisceau de lumière parallèle se propagent dans le plan ROM. Quand leur phase est identique pour les différents trains d'ondes, la lumière est dite polarisée dans ce plan, selon notre théorie. Les effets des différents trains d'ondes y sont additifs.

À un groupe de vibrations longitudinales polarisées dans ces plans selon notre définition, on peut associer une vibration virtuelle de mêmes fréquence et phase, perpendiculaire à ce plan, qui est le vecteur de Fresnel (induction électrique).

Des relations similaires à celles de la théorie classique, pour la réflexion et la réfraction entre deux milieux, peuvent être établies, pour la lumière polarisée dans le plan d'incidence et dans le plan perpendiculaire, le vecteur de Fresnel étant remplacé par le vecteur déplacement de la vibration longitudinale.

En 1678, Huygens [25] fit l'hypothèse que les ondes lumineuses induisent la formation d'ondelettes quand elles frappent les particules matérielles, l'enveloppe de ces ondelettes constituant le nouveau front. Nous formons l'hypothèse supplémentaire que leur émission se produirait après un délai $\Delta t$ nécessaire à la réorganisation des orbitales électroniques, dépendant de la nature de l'atome et de la fréquence de la vibration. Le temps moyen pour couvrir la distance $d$ dans un milieu homogène et isotrope serait : $t=\frac{d}{c}+\Delta t n_0 d$ où $c$ est la vitesse de la lumière et $n_0$ le nombre d'atomes rencontrés par unité de longueur. La vitesse de la lumière serait : $V=\frac{d}{t}=\frac{d}{\frac{d}{c}+\Delta t n_0 d}=\frac{c}{1+c n_0 \Delta t}$ (26).

Les longueurs d'onde de la lumière visible étant beaucoup plus grandes que les distances entre atomes, les matériaux peuvent être considérés comme continus vis-à-vis des vibrations lumineuses. Dans ce milieu homogène, la vitesse des vibrations longitudinales serait : $V=\frac{1}{\sqrt{\rho\chi}}$, avec $\rho$ (densité) et $\chi$ (compressibilité) correspondant à l'ensemble (vide + particules matérielles).

## Réflexion et réfraction des vibrations longitudinales de la lumière dans les milieux transparents isotropes

À la surface de séparation entre le vide et un milieu transparent homogène et isotrope, ou entre deux milieux ayant ces caractéristiques, les lois de Snell-Descartes définissent les relations entre les angles d'incidence (*i*), de réfraction (*i'*) et de réflexion (*i''*).

$$i = i'' \quad (27)$$

$$n \sin i = n' \sin i' \quad (28)$$

où $n=\frac{c}{V}$ et $n'=\frac{c}{V'}$ , *V* et *V'* sont les vitesses respectives de la lumière dans le premier et second milieu.

### - Polarisation dans le plan d'incidence

Les vibrations qui se propagent dans le plan d'incidence *xOy* sont en phase sur la trace *OH* du front d'onde et les effets de tous les trains d'onde y sont additifs (figure **11**).

Déplacement incident $s=A\sin\omega(t-\frac{x}{V})$, à la distance *x* de O.

Déplacement réfracté $s'=A'\sin\omega(t-\frac{x}{V'})$

Déplacement réfléchi $s''=-A''\sin\omega(t+\frac{x}{V})$ (car il y a changement de sens du déplacement).

Le faisceau incident s'étale sur une distance *d* sur l'axe des *x* et a une largeur *d cos i*. Il donne un faisceau réfléchi de même largeur et un faisceau réfracté de largeur *d cos i'*. La continuité des fluides à la surface de séparation implique que le déplacement incident total (produit du déplacement par la largeur du faisceau) soit réparti entre les faisceaux réfracté et réfléchi.

$$d\cos i A\sin\omega\left(t-\frac{x}{V}\right)=-d\cos i A''\sin\omega\left(t+\frac{x}{V}\right)+d\cos i' A'\sin\omega\left(t-\frac{x}{V'}\right)$$, pour $x=0$
et toutes valeurs de $t$.

Donc : $(A+A'')\cos i=A'\cos i'$ (29)

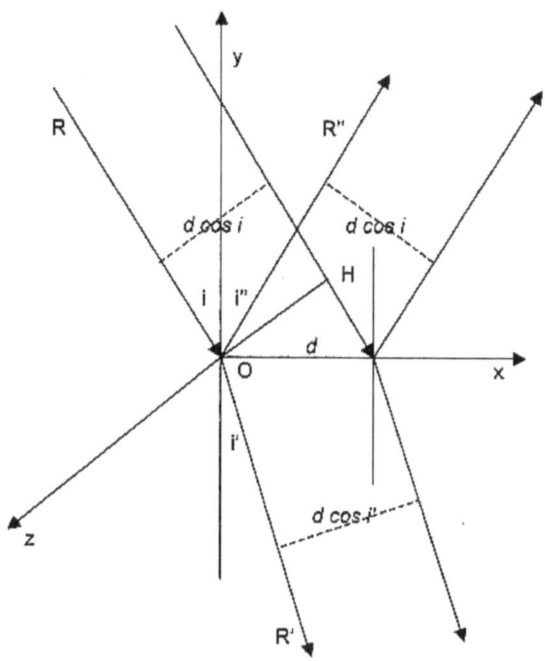


**Figure 11**
Lumière polarisée dans le plan d'incidence

Les vibrations longitudinales d'un faisceau parallèle sont polarisées et se propagent dans *xOy*. Elles sont en phase sur *OH*, pour tous les trains d'ondes.

La dilatation totale incidente, normale à la surface de séparation, est $\theta d$. Pour que cette surface reste inchangée après le passage de l'onde, il faut que la dilatation totale normale incidente soit égale à la somme des dilatations totales normales réfractée et réfléchie.

$$\theta d = \theta' d + \theta'' d$$

$$\theta = \theta' + \theta''$$

$$-\frac{A\omega}{V}\cos\omega\left(t-\frac{x}{V}\right) = -\frac{A'\omega}{V'}\cos\omega\left(t-\frac{x}{V'}\right) - \frac{A''\omega}{V}\cos\omega\left(t+\frac{x}{V}\right)$$

qui doit être vérifiée pour $x$=0 et pour toutes valeurs de $t$.

Donc, $\frac{A}{V}=\frac{A'}{V'}+\frac{A''}{V}$ et, d'après (28), $(A-A'')\sin i' = A'\sin i$ (30)

De (29) et (30), on a : $A'=2A\frac{\sin i'\cos i}{\sin(i+i')\cos(i-i')}$ (31)

et $A''=-A\frac{tg(i-i')}{tg(i+i')}$ (32).

Ces formules sont similaires aux formules classiques établies pour une vibration transversale, l'amplitude du déplacement remplaçant l'induction électrique.

**- Polarisation dans le plan perpendiculaire au plan d'incidence**

Le plan d'incidence est $xOy$, le plan de séparation entre les deux milieux est $zOx$ et les vibrations se propagent dans $zOR$, perpendiculaire au plan d'incidence (figure **12**).

Les vibrations sont en phase lorsqu'elles atteignent $Oz$ et les effets de tous les trains d'ondes s'additionnent.

Les hypothèses sont les mêmes que précédemment :

Le déplacement provoqué par l'onde incidente est égal à la somme des déplacements dus aux ondes réfractées et réfléchies.

$A\sin\omega(t-\frac{x}{V}) = A'\sin\omega(t-\frac{x}{V'}) - A''\sin\omega(t+\frac{x}{V})$, pour $x=0$ et quel que soit $t$. Donc : $A=A'-A''$ (33)

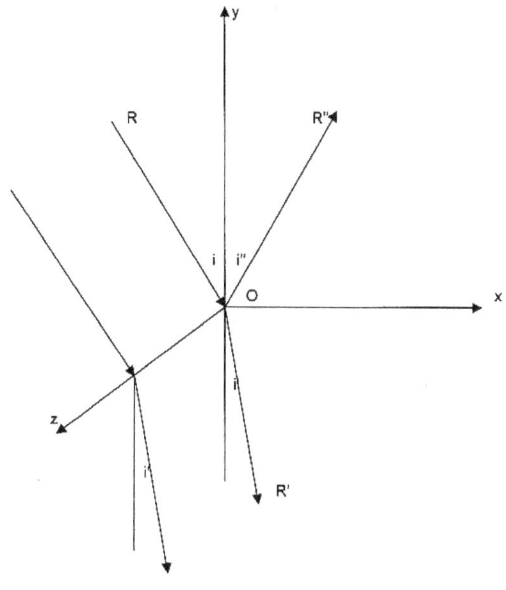


**Figure 12**
Lumière polarisée dans le plan perpendiculaire au plan d'incidence

Les vibrations longitudinales d'un faisceau parallèle se propagent et sont polarisées dans *ROz*. Elles sont en phase sur *Oz*.

La dilatation incidente normale à la surface de séparation doit être égale à la somme des dilatations normales réfractée et réfléchie

$$\theta\cos i=\theta'\cos i'+\theta''\cos i''$$

$$\theta=-\frac{A\omega}{V}\cos\omega\left(t-\frac{x}{V}\right).$$

$$\theta'=-\frac{A'\omega}{V'}\cos\omega\left(t-\frac{x}{V'}\right). \qquad \theta''=-\frac{A''\omega}{V}\cos\omega\left(t+\frac{x}{V}\right).$$

Selon (28), $(A-A'')\cos i\sin i'=A'\cos i'\sin i$ (34)

De (33) et (34), on obtient :

$$A'=2A\frac{\sin i'\cos i}{\sin(i+i')} \quad (35)$$

et $$A''=-A\frac{\sin(i-i')}{\sin(i+i')} \quad (36)$$

Ces relations sont similaires aux formules classiques établies pour les vibrations transversales.

**- Lumière naturelle**

La lumière naturelle peut être considérée comme la somme de deux vibrations incohérentes de même amplitude, polarisées, comme nous l'avons défini, dans le plan d'incidence et dans le plan perpendiculaire au plan d'incidence.

Après réflexion de la lumière naturelle, les vibrations sont polarisées dans des plans perpendiculaires, mais avec des amplitudes différentes, et restent incohérentes.

Le facteur de réflexion est $r=\frac{A''^2}{A^2}$.

Pour les vibrations polarisées dans le plan d'incidence,

$$r=\frac{tg^2(i-i')}{tg^2(i+i')}.$$

Il n'y a pas de réflexion dans le plan d'incidence lorsque $i+i'=\pi/2$, soit $tgi=\frac{n'}{n}$ ($i$ = angle de Brewster = 57° entre le verre et l'air). Le faisceau réfléchi est alors polarisé, comme nous le définissons, dans le plan perpendiculaire au plan d'incidence, mais est beaucoup moins lumineux que le faisceau incident et est dévié de la direction incidente.

## Comparaison entre le son et la lumière

Les formules de la réfraction et de la réflexion des ondes sonores sont obtenues en supposant l'égalité des pressions et des vitesses radiales des deux côtés de la surface de séparation.

Dans le cas des pressions :

$$p=-\frac{\theta}{\chi}=-\frac{ds}{dx}\frac{1}{\chi}=-\frac{ds}{dt}\frac{dt}{dx}\frac{1}{\chi}=-\frac{A\omega}{V\chi}\cos\omega\left(t-\frac{x}{V}\right)$$

où $\chi$ est le facteur de compressibilité.

$p-p''=p'$, le signe – devant $p''$ correspond au changement de sens de la vibration réfléchie.

$$-\frac{A\omega}{V\chi}+\frac{A''\omega}{V\chi}=-\frac{A'\omega}{V'\chi'}$$

$$\frac{A-A''}{\chi V}=\frac{A'}{\chi' V'}$$

Si l'on suppose que les différents milieux ont la même compressibilité : $(A-A'')\sin i'=A'\sin i$ (37), qui est identique à (30)
En ce qui concerne les vitesses radiales :

$\frac{ds}{dt}\cos i-\frac{ds''}{dt}\cos i=\frac{ds'}{dt}\cos i'$, le signe – devant $ds''$ correspondant au changement de sens de propagation de l'onde sonore réfléchie.

$$A\omega\cos i+A''\omega\cos i=A'\omega\cos i'$$

$(A+A'')\cos i=A'\cos i'$ (38), qui est la même que (29).

Les relations concernant la réfraction et la réflexion sont donc identiques pour le son et la lumière polarisée dans le plan d'incidence, si l'on fait l'hypothèse que la compressibilité est la même pour tous les milieux.

De plus, on peut vérifier que les coefficients de réfraction et de réflexion de l'énergie de la lumière polarisée dans le plan d'incidence sont identiques à ceux du son.

L'énergie d'un faisceau sonore réfracté est proportionnelle à $\rho'V'A'^2S'$, où *S'* est la section du faisceau réfracté. Les sections *S* et *S'* sont respectivement proportionnelles à *cos i* et *cos i'*.

Le coefficient de réfraction du son est :

$$r_{refr}=\frac{A'^2}{A^2}\frac{\rho'V'S'}{\rho VS}=\frac{A'^2\rho'V'\cos i'}{A^2\rho V\cos i}.$$

Et puisque $\rho V=\frac{1}{V\chi}$ et que $\chi$ est supposé être le même pour tous les milieux, on peut montrer, à partir des formules (37) et (38), que :

$$r_{refr}=\frac{A'^2V\cos i'}{A^2V'\cos i}=\frac{A'^2}{A^2}\frac{\sin i}{\sin i'}\frac{\cos i'}{\cos i}=4\frac{\sin^2 i'\cos^2 i\sin i\cos i'}{\sin^2(i+i')\cos^2(i-i')\sin i'\cos i}$$

$$r_{refr}=4\frac{\sin i'\cos i\sin i\cos i'}{\sin^2(i+i')\cos^2(i-i')},$$

Le coefficient de réfraction des ondes lumineuses polarisées dans le plan d'incidence est : $\left(\frac{A'}{A}\right)^2\frac{V}{V'}\frac{\cos i'}{\cos i}=4\frac{\sin^2 i'\cos^2 i}{\sin^2(i+i')\cos^2(i-i')}\frac{\sin i}{\sin i'}\frac{\cos i'}{\cos i}=r_{refr}$, puisque la largeur des faisceaux est proportionnelle au cosinus de l'angle du rayon.

L'énergie d'un faisceau sonore réfléchi est proportionnelle à $A''^2$, puisque $V=V''$ et que la largeur du faisceau réfléchi est égale à celle du faisceau incident. On peut montrer, à partir des formules (37) et (38) que le coefficient de réflexion du son est $r_{refl}=\frac{tg^2(i-i')}{tg^2(i+i')}$, qui est la même formule que celle des ondes lumineuses réfléchies, polarisées dans le plan d'incidence.

La lumière polarisée dans le plan d'incidence peut donc être comparée aux ondes sonores.

## Propagation des vibrations longitudinales dans les milieux anisotropes

Considérons un cristal (par exemple appartenant au système orthorhombique), dont le réseau est orienté selon les trois axes *Ox, Oy, Oz*. Le long de ces axes, la lumière se propage aux vitesses respectives $V_x$, $V_y$, $V_z$ selon (26).

Une vibration définie par les paramètres *p*, *q*, *r*, se propage avec la vitesse *V* et un indice de réfraction *n*. La composante *p* de cette vibration se propage sur l'axe *Ox* avec la vitesse $V_x$, la composante *q* avec la vitesse $V_y$ sur *Oy* et la composante *r* avec la vitesse $V_z$ sur *Oz*.

Le carré de la vitesse résultante est :

$$V^2=p^2V_x^2+q^2V_y^2+r^2V_z^2$$

Le point M de coordonnées $x=pn$, $y=qn$, $z=rn$ avec $n=c/V$ est sur un ellipsoïde, car :

$$V^2=\frac{c^2}{n^2}=\frac{x^2}{n^2}\frac{c^2}{n_x^2}+\frac{y^2}{n^2}\frac{c^2}{n_y^2}+\frac{z^2}{n^2}\frac{c^2}{n_z^2}\text{, donc : }\frac{x^2}{n_x^2}+\frac{y^2}{n_y^2}+\frac{z^2}{n_z^2}=1 \quad (39),$$

qui est l'équation d'un ellipsoïde.

La mécanique physique montre que deux vibrations perpendiculaires peuvent se propager dans un milieu solide comme un cristal. Le milieu constitué par le vide (isotrope) et les atomes du cristal (anisotrope) peut être considéré, vis-à-vis de la propagation de la lumière, comme un milieu solide homogène anisotrope.

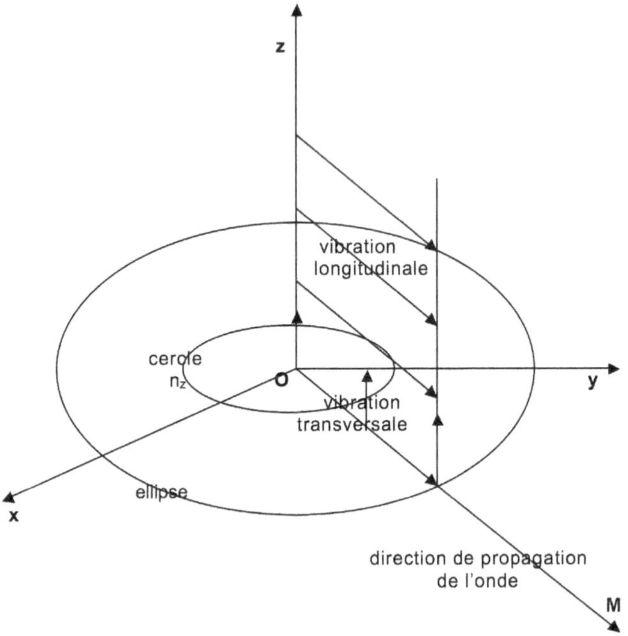


**Figure 13**
Vibration transversale parallèle à un axe de l'ellipsoïde, d'indice $n_z$ et vibration longitudinale associée, polarisées dans le plan de propagation *zOM*

Pour une direction de propagation *OM* dans le plan *xOy*, deux vibrations peuvent se propager : une vibration transversale, parallèle à l'axe *Oz*, d'indice $n_z$, et une vibration longitudinale, d'indice correspondant à l'intersection de *OM* avec l'ellipsoïde (figure **13**). Toutes deux sont polarisées à angle droit comme nous le définissons, dans le plan *zOM* perpendiculaire à *xOy*.

# *Propagation de la lumière dans les milieux en mouvement*

## Aberration de la lumière

Le phénomène de l'aberration de la lumière des étoiles éloignées, découvert par Bradley [26] a été un argument contre la théorie de l'éther. À cause de la vitesse *V* de rotation de la Terre autour du Soleil, la lumière venant des étoiles est déviée d'un angle maximum $\alpha=\frac{V}{c}\approx$ 20 secondes d'arc, dépendant de leur hauteur sur l'écliptique. L'argument avancé était que si l'éther existait, il serait entraîné par l'atmosphère de la Terre et serait immobile par rapport à elle. Donc l'aberration devrait être nulle.

Nous réfutons cette affirmation. En dehors de l'atmosphère, la direction de la lumière des étoiles est déviée pour un observateur terrestre. Pour les étoiles qui sont à la verticale de l'écliptique, la vitesse de la lumière a une composante -*V* dans le plan de l'écliptique par rapport à la Terre. En entrant dans l'atmosphère, la lumière traverse des couches d'éther qui sont progressivement entraînées, de vitesse *V*. Selon l'expérience de Fizeau (voir plus loin), cette composante devient : $V'=-\frac{V}{n}+V\left(1-\frac{1}{n^2}\right)=-V$, puisque *n*, l'indice de réfraction de l'éther est égal à 1. Donc l'aberration de la lumière venant des étoiles lointaines peut être expliquée par la théorie de l'éther, même avec l'hypothèse de l'entraînement par l'atmosphère.

## Expérience de Michelson

L'expérience de Michelson [27] a montré que le mouvement de la Terre n'avait pas d'effet sur la vitesse de la lumière. Ce résultat a été expliqué par la théorie de la Relativité Restreinte : les bras de l'interféromètre subissent une contraction rendant inobservable tout effet.

Elle est aussi expliquée par la théorie de l'éther et par notre théorie, qui en est dérivée. Selon l'hypothèse de Thomson [8], lorsque les corpuscules frappent une particule élémentaire, l'énergie est redistribuée par émission de nouveaux corpuscules ou d'ondes. Ces derniers ont alors une répartition isotrope par rapport à tout objet en mouvement linéaire uniforme.

Donc le vide (un milieu vide de matière mais parcouru de corpuscules en mouvement, chargés d'énergie) est complètement entraîné par l'atmosphère et immobile par rapport à la Terre, en mouvement quasi linéaire et uniforme.

Cela donne une explication physique à l'hypothèse de l'indépendance de la vitesse de la lumière dans les référentiels inertiels, à la base de la théorie de la Relativité Restreinte.

## Expérience de Fizeau

L'expérience de Fizeau [28] a montré que la vitesse de la lumière dans un liquide en mouvement était donnée par la formule $V=\frac{c}{n}+u\left(1-\frac{1}{n^2}\right)$, où $u$ était la vitesse du liquide. Fresnel [29] en a conclu que l'éther à l'intérieur d'une substance en mouvement était partiellement entraîné, ce que nous réfutons.

Nous avons fait l'hypothèse, plus haut, que la vitesse de la lumière est égale à $c$ dans le vide entre les atomes et qu'un délai $\Delta t$ existe entre l'absorption de la lumière par un atome et son émission, nécessaire à la réorganisation des orbitales. Si le liquide est en mouvement et si l'éther est complètement entraîné par le mouvement, une vibration partant d'un premier atome, dans la direction du déplacement du fluide, atteint un second atome, distant de $d$ du premier, quand ce dernier a couvert une distance $x$, après un temps $t=\frac{d}{c-u}=\frac{x}{u}$. Le temps total est $\frac{d}{c-u}+\Delta t$, où $\Delta t$ est le délai pour l'émission de la nouvelle onde. Pendant $\Delta t$, l'atome couvre la distance $\Delta t\ u$, la distance totale parcourue par la vibration est $d+\frac{ud}{c-u}+\Delta tu$ et la vitesse de l'onde est :

$$V=\frac{d+\frac{ud}{c-u}+\Delta tu}{\frac{d}{c-u}+\Delta t}=\frac{(c-u)d+ud+\Delta tu(c-u)}{d+\Delta t(c-u)}$$

En divisant par $d$ le numérateur et le dénominateur et comme $\frac{c\Delta t}{d}=n-1$ , on obtient :

$$V=\frac{c+\frac{u(n-1)(c-u)}{c}}{1+\frac{(n-1)(c-u)}{c}}=\frac{c+u(n-1)-\frac{u^2(n-1)}{c}}{1+(n-1)-\frac{u(n-1)}{c}}$$

$$V=\frac{c\left(1+\frac{(n-1)u}{c}-\frac{(n-1)u^2}{c^2}\right)}{n-\frac{u(n-1)}{c}}=\frac{c\left(1+\frac{(n-1)u}{c}-\frac{(n-1)u^2}{c^2}\right)}{n\left(1-\frac{(n-1)u}{nc}\right)}$$

Comme $u$ est petit devant $c$,

$$V\cong\frac{c}{n}\left(1+(n-1)\frac{u}{c}-(n-1)\frac{u^2}{c^2}\right)\left(1+(n-1)\frac{u}{nc}\right)\cong\frac{c}{n}\left(1+(n-1)\left(\frac{u}{c}+\frac{u}{nc}\right)\right)$$

$$V\cong\frac{c}{n}\left(1+\frac{u}{c}(n-1)\left(1+\frac{1}{n}\right)\right)\cong\frac{c}{n}\left(1+\frac{u}{c}\left(n-\frac{1}{n}\right)\right)$$

Donc, $V=\frac{c}{n}+u\left(1-\frac{1}{n^2}\right)$ (40), qui est la relation de Fresnel.

**En conclusion**, si l'on fait l'hypothèse que l'éther est complètement entraîné par le mouvement du liquide et que la variation de vitesse de la lumière est due au déplacement des atomes pendant la réorganisation des orbitales, on aboutit à la relation classique.

La théorie de la Relativité Restreinte rend compte également de cette relation.

# ÉVOLUTION DE L'UNIVERS

Plutôt qu'une création, à partir du néant, de l'espace, du temps et de la matière, à la base du modèle standard cosmologique, nous avons fait l'hypothèse que l'univers était éternel. Dans le chapitre **Gravitation** nous avons proposé un modèle différent de celui de la modification de l'espace par les masses matérielles, à la base de la Relativité Généralisée. De la même façon, une évolution de l'univers par expansion de l'espace ne nous paraît pas conforme au sens commun. D'ailleurs, et curieusement, Einstein était réticent vis-à-vis de cette hypothèse et penchait pour un univers immobile, infini et éternel. Comment autrement, évolueraient les forces et les énergies ? La densité de l'énergie du vide (énergie noire) resterait-elle constante (auquel cas, au cours de l'expansion, la conservation de l'énergie ne serait pas respectée), ou décroîtrait-elle ?

Des scientifiques minoritaires ont proposé diverses théories d'univers stationnaires ou quasi stationnaires et rendu compte du phénomène de décalage vers le rouge de la lumière provenant des étoiles. C'est ce type d'évolution qui nous a paru le plus simple et le plus logique.

# *Évolution des différents paramètres*

Nous admettrons donc que l'univers a toujours existé et que son énergie totale est restée constante au cours de l'évolution, ainsi que la somme des masses inertielles de ses constituants. Il y aurait eu transformation de la masse des corpuscules en masse de matière (noire ou normale) : cette opération se serait effectuée par l'établissement d'ondes stationnaires formées par la combinaison d'ondes identiques circulant en sens inverse.

D'après les résultats de la Wilkinson Microwave Anisotropy Probe [30], l'univers actuel serait formé de 4% de matière ordinaire, constituée de particules de masse et de charge bien définies, de 23% de matière dite noire, non structurée et invisible, mais générant des forces de gravitation, et de 73% de ce que l'on appelle l'énergie noire, et que nous assimilerons à l'éther, défini par Fatio [1] et Le Sage [2], c'est-à-dire le vide de matière, chargé d'énergie sous la forme de corpuscules plusieurs ordres de grandeur plus petits que les particules de matière et circulant à la vitesse de la lumière ou sous la forme des ondes correspondantes.

## Température et vitesse de la lumière

Avant que la matière ne soit présente, toute l'énergie était constituée par l'énergie cinétique des corpuscules (ou des ondes correspondantes).

$$E_0=\frac{1}{2}mN_0u_0^2 \text{ avec } u_0^2=\frac{3k_BT_0}{m},$$

où $E_0$ est l'énergie initiale de l'univers, $T_0$ sa température, $N_0$ le nombre initial de corpuscules de masse $m$, $u_0$ la vitesse quadratique moyenne des corpuscules du milieu, supposé équivalent à un gaz parfait et $k_B$ la constante de Boltzmann.

À un instant donné, et en un point particulier, il y aurait eu apparition de matière, à la suite de la formation d'ondes stationnaires, comme il a été supposé plus haut.

À l'instant actuel, on aurait une masse de matière $M$ et un nombre de corpuscules $N$. L'énergie totale est égale à l'énergie initiale :

$$E=\frac{3}{2}Nk_BT+Mc^2=\frac{3}{2}Nk_BT+\frac{3k_BTM}{m}=\frac{3k_BN_0T_0}{2}$$

puisque $c^2=\frac{\gamma k_BT}{m}=\frac{3k_BT}{m}$ (41).

Comme la masse inertielle est supposée rester constante,

$$M=(N_0-N)\,m.$$

D'autre part, on a déterminé le rapport de la masse de matière (noire et normale) à l'énergie noire ($\frac{M}{mN}=\frac{0,27}{0,73}$), et $N=0,73\ N_0$, puisque la masse associée à l'énergie noire est estimée à 73% de celle associée à l'énergie totale, donc à l'énergie initiale.

On déduit de ces relations : $T=0,7874\ T_0$ et $c=0,8873\ c_0$.

La température de l'univers et la vitesse de la lumière auraient donc, selon nos hypothèses, légèrement diminué. La température actuelle serait celle du corps noir du fond diffus cosmologique : 2,728° K.

Ce scénario est en désaccord avec le modèle standard cosmologique qui prédit une température extrêmement élevée du milieu énergétique initial. Or, lorsqu'un gaz parfait se détend sans échanger de travail et de chaleur avec l'extérieur, sa température reste constante (expérience de Joule-Gay-Lussac). On peut penser qu'il en ait été ainsi lors de l'évolution de l'univers : au-delà de la frontière d'un univers en expansion il n'y aurait eu que le néant, donc rien contre lequel exercer une force ou avec lequel échanger de la chaleur. L'énergie totale restant constante, il est normal que la variation de température ne corresponde qu'à la seule transformation des corpuscules en matière.

Une seule mesure de cette température a été réussie [31] basée sur l'absorption de la lumière d'un quasar par un nuage situé à un redshift de 2,34. Elle serait comprise entre 6 et 14°K : (9,5°K). La différence avec le maximum du spectre du fond diffus cosmologique (2,728°K) est peu significative.

## Constante gravitationnelle

La force de gravitation à laquelle serait soumis un corpuscule de la part d'une masse $M$ de matière ordinaire à la distance $d$ serait $\frac{2GMm}{d^2}=\frac{\rho Ss'c^2}{4\pi d^2}$, où $S$ est la surface de la matière et $s'$ la section droite d'un corpuscule (chapitre **Gravitation**, sachant que la constante de gravitation applicable aux corpuscules est $2G$).

La surface de la matière ordinaire est proportionnelle à sa masse puisqu'elle est constituée de particules de types définis (principalement protons et neutrons, la masse des électrons étant négligeable). Donc $\frac{S}{M}=\frac{4\pi R_p^2}{M_p}$, où $R_p$ et $M_p$ sont respectivement le rayon et la masse du proton (ou approximativement ceux du neutron).

On en déduit : $G=\frac{3k_B Tns'R_p^2}{mM_p}$ (42), où $n$ est la concentration en corpuscules.

Finie à l'origine, la constante de gravitation diminuerait en fonction du temps par disparition des corpuscules, et tendrait vers zéro. La variation de $G$ entraînerait celles des forces de gravitation et des masses des étoiles. Remarquons que ceci rendrait caduque l'hypothèse de la constance de l'énergie émise par les supernovæ, ainsi que la mesure de leurs distances.

En résumé le modèle d'univers que nous proposons est celui d'un milieu, l'éther, homogène et isotrope, se condensant progressivement en matière, par établissement d'ondes stationnaires, et de température actuelle 2,728°K. Il n'y aurait pas de mouvement des masses, autres que des mouvements locaux dus aux forces de gravitation entre masses de matière.

## *Décalage de la lumière des étoiles vers les grandes longueurs d'onde*

Comment ce modèle peut-il rendre compte du décalage vers les grandes longueurs d'ondes observé pour la lumière provenant des objets astronomiques lointains ?

Einstein avait émis l'hypothèse que la lumière pouvait, dans un univers supposé stationnaire, perdre de l'énergie proportionnellement à la quantité de matière rencontrée, donc à la distance parcourue. Cette théorie de la « lumière fatiguée » a été reprise en particulier par Zwicky [32] Finley-Freundlich [33], Vigier, Roberts et Pecker [34], Edwards [35], Mamas [36], Masreliez [37].

On a fait l'hypothèse dans le chapitre **Gravitation** que les corpuscules, responsables de l'attraction gravitationnelle des masses, perdent une infime partie *k* de leur énergie lorsqu'ils traversent une particule matérielle. On peut supposer qu'il en est de même pour toutes les radiations.

Nous avons admis dans le chapitre **Forces électriques et électromagnétiques** que la matière se serait formée à partir d'ondes stationnaires, de densité $0{,}66924.10^{15}$ g/cm$^3$, environ 411 fois celle de l'éther environnant, de densité $1{,}626874.10^{12}$ g/cm$^3$.

La matière ordinaire, principalement protons et neutrons, représenterait 4% de la masse totale de l'univers, la matière noire en constituant 23% et l'énergie noire, 73%.

La concentration des corpuscules responsables de la gravitation est : $\rho k^2 = 1{,}316684 \cdot 10^{-24} g/cm^3$ (chapitre **Gravitation**).

Comme $\rho = 1{,}626874.10^{12}$ g/cm$^3$, $k = 0{,}89963.10^{-18}$.

La concentration des particules de type proton, de masse

$1{,}6726.10^{-24}$g est : $c_p = \frac{4}{73} \cdot \frac{1{,}316684 \cdot 10^{-24}}{1{,}6726 \cdot 10^{-24}} protons/cm^3$

$$= 4{,}3134.10^{-2}\ protons/cm^3.$$

La section droite d'un proton est : $\pi.0{,}84184^2 .10^{-26}$ cm$^2$

$$= 2{,}2264.10^{-26}\ \text{cm}^2.$$

L'énergie d'un corpuscule qui traverse un proton est atténuée par un facteur $k$.

Donc $z = \frac{\Delta\lambda}{\lambda} = -\frac{\Delta E}{E} = 0{,}89963 \times 4.3134 \times 2{,}2264 \cdot 10^{-46}$ pour un parcours de 1cm et $z = 8{,}6394 \, .10^{-46} \, d$, avec $d$ en cm (43).

Cette relation se rapporte aux corpuscules, responsables de l'attraction gravitationnelle.

Une relation entre $z$ et $d$ a été établie par Hubble, pour les photons dans le domaine des longueurs d'onde de la lumière issue des étoiles. À partir des dernières déterminations de la constante de Hubble, $z = \frac{Hd}{c}$, avec $H = 71{,}9$ km/s/Mparsec, avec 1 Mparsec = $3{,}085677 \, .10^{19}$ km.

En raisonnant en « lumière fatiguée » : $z = 0{,}77724 \, .10^{-28} d$, avec $d$ en cm. (44). Selon (41), la longueur d'onde $\lambda$ des corpuscules, calculée à partir de la vitesse de la lumière, avec $k_B = 1{,}3806.10^{-16}$ erg/°K et $h$ = constante de Planck = $6{,}62607.10^{-27}$ergs est : $\lambda = \frac{h \cdot c}{3 k_B T} = 1{,}7581 \cdot 10^{-1} cm$, beaucoup plus grande que celles des photons, provenant des étoiles et dont le décalage est mesuré.

Le coefficient d'absorption par la matière d'une vibration n'entraînant pas de modifications du cortège électronique, est une fonction décroissante de sa longueur d'onde [38]. Il est donc normal que le décalage des corpuscules, dont la longueur d'onde est de l'ordre du mm, soit plus faible que celui de la lumière provenant des étoiles, dont la longueur d'onde est de l'ordre du micron.

Le fait que l'expansion de l'univers semble s'accélérer peut s'expliquer, selon notre schéma, par la décroissance, en fonction de la distance $d$ parcourue, du coefficient d'absorption des photons utilisés pour la détermination de $z$, dû à l'allongement de leur longueur d'onde. Cette explication nous semble plus logique et plus simple que l'hypothèse de l'existence d'une énergie à pression négative.

Une expérience pourrait trancher la question et qui, à notre connaissance, n'a pas été envisagée, serait de mesurer le décalage de deux raies caractéristiques, de longueurs d'onde très différentes, provenant d'une même étoile. Si les $z$ mesurés s'avéraient identiques, on pourrait éliminer la théorie de la lumière fatiguée et si celui correspondant à la longueur d'onde la plus grande était le plus petit, la théorie du Big Bang serait à revoir. Reste à savoir si la mesure du décalage de deux raies suffisamment différentes en longueur d'onde, provenant de la même étoile, est possible.

## *Fond diffus cosmologique*

Il a été montré que le rayonnement constituant le fond diffus cosmologique est un rayonnement de corps noir de température 2,728 °K. Selon la loi de Wien, $\lambda_{max}=\frac{0,2897756}{T} = 0,10622$ cm.

Les longueurs d'onde des corpuscules responsables des forces de gravitation sont du même ordre de grandeur que celles des photons du fond diffus cosmologique (rapport 1,65, voir plus haut). On peut en déduire qu'il y aurait identité entre les deux. Une hypothèse analogue a été proposée par Edwards : il y aurait conversion entre les énergies des gravitons (corpuscules responsables de la gravitation) et celle des photons: la perte d'énergie des gravitons donnerait naissance à des photons de grande longueur d'onde, qui, par un mécanisme semblable à la théorie de gravitation de Le Sage, redonnerait des gravitons [35].

D'après (41), la masse des corpuscules serait $m=\frac{3k_BT}{c^2}=1,257.10^{-36}$g, de l'ordre d'un milliardième de la masse de l'électron. Ils sont donc bien plusieurs ordres de grandeur plus petits que les particules élémentaires de matière.

**En conclusion**, dans notre schéma d'évolution de l'univers, les corpuscules de l'éther, soumis à la gravitation par les masses matérielles qu'ils ont formées au cours du temps, par établissement d'ondes stationnaires, circuleraient indéfiniment entre ces masses, en équilibre avec elles et en produisant l'attraction entre elles.

Il n'y aurait pas d'expansion de l'espace, les seuls mouvements des galaxies et des étoiles dans celles-ci seraient dus aux forces de gravitation entre masses de matière.

Le nombre de corpuscules diminuerait progressivement, au profit de la matière.

La constante de gravitation serait une fraction décroissante du temps et tendrait vers zéro, par disparition des corpuscules. La constante de Hubble serait une fonction décroissante de la distance.

La température initiale de l'univers ainsi que la vitesse de la lumière seraient peu différentes de celles actuelles.

L'âge de l'univers, calculé à partir de la constante de Hubble (en admettant qu'elle soit réellement constante), c'est-à-dire à partir du décalage des longueurs d'onde des photons en fonction de la distance de la source, a été trouvé égal à 13,6 milliards d'années. Celui calculé à partir de l'atténuation des corpuscules de gravitation est infiniment plus grand : $1{,}224.10^{27}$ années ! L'univers serait quasiment éternel, la création de matière à partir des corpuscules pouvant avoir lieu à n'importe quel instant ou lieu. Mais il n'est pas à la fin de son histoire, puisque selon notre modèle, seulement 27% des corpuscules totaux ont été transformés en matière jusqu'à présent.

L'argument selon lequel le modèle de la lumière fatiguée ne pourrait expliquer l'allongement de la durée de luminosité des supernovæ en fonction de leur distance n'est pas valable puisque le temps pendant lequel les trains d'onde nous arrivent est proportionnel à la longueur d'onde reçue, donc croit avec la distance de la source.

Les photons du fond diffus cosmologique seraient identiques aux corpuscules responsables de la gravitation, leurs longueurs d'onde étant du même ordre de grandeur. Leur spectre de corps noir serait obtenu au cours de leurs trajets par les multiples interactions entre les corpuscules et la matière, et ne serait pas modifié par une quelconque expansion puisque l'univers est supposé immobile.

L'univers ne serait pas à proprement parler stationnaire selon notre modèle, car il y aurait perpétuellement transformation des corpuscules en matière.

Mais pourquoi toutes les masses ne s'agglutinent-elles pas entre elles ? Il est possible que ce soit ce qui arrivera progressivement. Mais les masses de matière qui se forment sont à des distances entre elles très grandes par rapport à leurs dimensions. Les accélérations sont donc très faibles, par conséquent les mouvements locaux sont très lents, d'autant que les masses s'opposent mutuellement deux à deux, leur répartition étant isotrope et homogène à grande échelle. Seules les hétérogénéités les plus proches sont susceptibles d'entraîner des mouvements locaux (trajectoire d'une planète autour de son étoile, ou d'une étoile dans sa galaxie). Einstein n'avait peut-être pas besoin d'imaginer sa constante cosmologique pour éviter l'effondrement de la matière. A-t-on constaté que les galaxies lointaines (anciennes) sont plus petites que celles qui sont proches de nous ?

Il resterait à expliquer la concentration d'hélium 4 mesurée dans l'univers, par un autre modèle que celui de la nucléosynthèse primordiale, qui suppose un univers à très haute température. Les étoiles fabriquent bien de l'hélium par fusion de l'hydrogène, mais pas assez pour rendre compte des quantités observées. Celles de deutérium, lithium, béryllium et bore pourraient provenir des étoiles ou des réactions de spallation (les rayons cosmiques brisant les atomes de carbone, azote et oxygène en atomes plus petits), mais aussi de la nucléosynthèse primordiale.

# CONCLUSION

À partir de la théorie de l'éther que Fatio puis Le Sage avaient imaginée au XVIII^e^ siècle pour expliquer la gravitation, nous avons voulu rendre compte de l'ensemble des forces, de certains phénomènes lumineux et de la formation et de l'évolution de l'univers. Dans ce modèle, des corpuscules plusieurs ordres de grandeur plus petits que les particules élémentaires de matière et circulant à grande vitesse (que nous admettons égale à la vitesse de la lumière) frapperaient ces dernières, leur transmettraient des quantités de mouvement et seraient responsables des différentes forces.

Ce faisant, nous avons remis en cause un certain nombre de théories reconnues par la communauté scientifique. Nous avons recherché avant tout la simplicité des hypothèses et des théories, n'allant pas à l'encontre du bon sens, et en accord avec les résultats expérimentaux (sauf dans le cas de la précession des équinoxes de Mercure). Par exemple, nous avons écarté tout emploi de dimensions supplémentaires, de géométrie non euclidienne, de modification de l'espace, de particules virtuelles, ou de gaz à pression négative.

Nous avons gardé les hypothèses les plus simples comme la conservation de l'énergie, de la masse de matière ou de l'ensemble des deux.

Nous avons attribué la grande supériorité de la force électrique sur celle de gravitation (dans des rapports de $10^{36}$ à $10^{42}$) à l'absorption complète de la quantité de mouvement des corpuscules partant d'une particule chargée et reçue par une autre dans le premier cas, et à l'absorption d'une infime partie de cette quantité dans le cas du second, entre particules neutres. Ceci nous a semblé plus simple et plus logique que la perte des forces de gravitation dans un espace à d'autres dimensions.

Les forces nucléaires seraient identiques aux forces électriques lorsque les distances entre particules sont de l'ordre de celles des noyaux et que les particules se font mutuellement écran vis-à-vis du bombardement des corpuscules. Les protons seraient rassemblés de façon compacte dans le noyau et seraient maintenus par des électrons, tournant autour d'eux et en équilibre avec eux. Il n'y aurait pas de neutrons dans les noyaux, selon notre schéma. Ceux-ci n'existeraient qu'à l'état libre. Les déficits de masse calculés pour les 4 éléments les plus légers ($^{2}$H, $^{3}$H, $^{3}$He, $^{4}$He) sont conformes à ceux mesurés (avec une différence relative comprise entre 9,1 et 1,4 %), Celui de l'Hélium 3 est inférieur à celui du Tritium, et l'augmentation de la masse du neutron par rapport à la somme de celles du proton et de l'électron est en accord avec l'expérience, à 1,6 % près.

L'éther entourant et pénétrant la matière, depuis les particules élémentaires jusqu'aux objets célestes, serait entraîné par elle à cause des chocs que les corpuscules provoquent et des ondes que les particules émettent pour évacuer leur excès de masse et d'énergie. De sorte que la répartition des vitesses des corpuscules dans les objets en mouvement rectiligne et uniforme, serait isotrope par rapport à eux. Ceci est en accord avec la théorie de la Relativité d'Einstein, Lorentz et Poincaré qui affirme que la vitesse de la lumière est constante et indépendante de la vitesse du milieu dans laquelle elle se déplace, si celle-ci est constante.

La vitesse de gravitation, qui a fait l'objet de nombreux débats, a été mesurée récemment et trouvée égale à la vitesse de la lumière. Ce résultat est compatible avec la théorie de Fatio et Le Sage, puisque l'attraction entre deux masses est due à la différence entre les quantités de mouvement des corpuscules issus de l'une et dirigés vers l'autre et celle des corpuscules dirigés dans l'autre sens, dans le même angle solide. Cette différence est due à la protection que procure la particule vis-à-vis du bombardement, protection qui se propage à la vitesse de la lumière.

La force de gravitation d'une planète se déplaçant autour de son étoile est toujours dirigée selon l'axe joignant les centres.

Les tests retenus pour la validation de la théorie de la Relativité Généralisée (déviation de la lumière à proximité du Soleil, retard dit de Shapiro des messages envoyés à des sondes vers Mars lorsqu'il est en conjonction supérieure avec la Terre, décalage vers les basses fréquences des radiations par les masses, et précession du périhélie de Mercure) sont également satisfaits (seulement partiellement pour le dernier) par la théorie de l'éther. Cela résulte du fait que la valeur de la constante de gravitation applicable pour les corpuscules est le double de celle pour la matière. En effet, une particule élémentaire absorbe (entièrement dans le cas de particules chargées ou seulement une infime partie dans celui des neutres) la quantité de mouvement d'un corpuscule qui la frappe, étant plusieurs ordres de grandeur plus importante que lui. Par contre il y a échange des quantités de mouvement entre un corpuscule et ceux émis par cette masse, par choc élastique de deux entités de masses égales, ce qui entraîne un changement de leur sens de propagation, chacun d'eux recevant l'équivalent du double de sa quantité de mouvement. Dans le cas de la précession du périhélie de Mercure, nous obtenons une différence de 17% avec celle mesurée et prédite par la Relativité Généralisée, dont nous n'avons pas trouvé l'explication. Cependant l'avantage de la théorie que nous exposons ici est la simplicité des calculs.

Nous avons fait l'hypothèse que la matière s'était formée à partir de l'éther, par l'établissement d'ondes stationnaires chargées d'énergie en des points particuliers de l'espace, dues à la combinaison d'ondes identiques circulant en sens inverse.

La fréquence de vibration de toutes les particules serait identique et la phase serait la même pour les particules de même type (par exemple proton) et décalée de $\pi$ pour celles de type opposé (par exemple électron). Les corpuscules frappant une particule seraient réémis (sous forme d'onde ou de corpuscule) ayant les caractéristiques de la particule (fréquence et phase). Ceci rend compte de la répulsion entre particules de même type et de l'attraction entre particules de types opposés.

Nous avons fait également les hypothèses que le proton était sphérique et que l'électron avait la forme d'un tore.

Ce schéma aboutit à une densité homogène et identique pour le proton et l'électron.

À partir des valeurs du rayon du proton et de la charge de l'électron, et en exprimant la force électrique entre deux protons comme la résultante des chocs des corpuscules émis par l'un et reçus par l'autre, on aboutit à une densité extraordinairement élevée de l'éther : 1,626874. $10^{12}$ g/cm$^3$. Mais nous avons fait aussi l'hypothèse que les corpuscules n'échangeaient qu'une infime partie de leur quantité de mouvement avec la matière neutre. Seule la concentration de corpuscules $\rho k^2$=1,316684.10$^{-24}$ g/cm$^3$ serait responsable des forces de gravitation. On pourrait comparer les corpuscules à des neutrinos, qui, même en grandes quantités, sont difficilement observables, car ils n'interagissent pratiquement pas avec la matière.

Les forces électromagnétiques seraient dues à l'entraînement des corpuscules dans les électrons mobiles des conducteurs. Ce mouvement des corpuscules provoquerait une onde qui, atteignant un autre conducteur, induirait le déplacement de l'éther, de même sens que celui des électrons si les deux courants sont de même sens, et il y aurait attraction. Ce déplacement de l'éther serait de sens opposé si les courants sont de sens opposés, et il y aurait répulsion.

Par ailleurs, les hypothèses compliquées et abstraites qui sont à la base de la mécanique quantique ont été remplacées par des raisonnements logiques, introduisant les notions de vibration des particules et de rotation des électrons selon 2 axes, faisant office de « variables cachées ».

Les expériences paradoxales de Stern et Gerlach et celles des fentes de Young, avec des électrons ou des photons envoyés individuellement, sont explicables logiquement. Le second postulat de Bohr et le moment cinétique de spin sont démontrables par notre théorie.

Deux équations obtenues empiriquement et vérifiées expérimentalement à mieux que 10$^{-3}$ près viennent s'ajouter à celles établies au chapitre **Forces électriques et électromagnétiques,** permettant de calculer les caractéristiques des particules de la matière (masses, dimensions, vitesses de rotation) à partir de celles de l'éther, confirmant leur origine à partir de ce dernier

Les masses et les énergies des particules matérielles étant parfaitement déterminées, tout apport issu des chocs avec les corpuscules de l'éther doit être émis de nouveau de façon isotrope, comme Thomson en a fait l'hypothèse, donnant naissance aux différentes forces : forces de gravitation, comme nous le développons ici à la suite de Fatio et Le Sage, et forces électriques et nucléaires.

Les caractéristiques des particules matérielles varieraient en fonction du temps, la densité de l'éther diminuant au profit de la matière. Il en serait de même de différentes constantes : *e*, charge électrique, *c*, vitesse de la lumière, *h*, constante de Planck, entraînant la modification des interactions entre particules chargées, donc de la taille des atomes.

L'entraînement de l'éther par la matière en mouvement est complet et non partiel, contrairement à ce que Fresnel a cru montrer par le calcul. Nous avons fait l'hypothèse que la vitesse de la lumière dans la matière était déterminée par le nombre d'atomes qu'elle rencontre par unité de longueur et par le temps que mettent les orbitales à se stabiliser, entre l'absorption de l'onde et sa réémission. En admettant que la vitesse est égale à *c* entre les atomes (donc que l'éther est complètement entraîné par la matière en mouvement), on aboutit à la formule de Fresnel.

L'éther, étant considéré comme un gaz parfait, ne devrait pas permettre la propagation de vibrations transversales, supposées nécessaires au phénomène de polarisation. La lumière naturelle est constituée de trains de vibrations de même fréquence dans le cas de lumière monochromatique et de phase variable, pouvant changer $10^9$ fois par seconde, mais on peut trouver quelquefois, dans un faisceau de lumière parallèle, un plan dans lequel la phase de tous les trains d'onde qui s'y propagent est la même. C'est le cas pour la lumière réfléchie sous un certain angle d'incidence ou ayant traversé un cristal de spath d'Islande. Nous dirons que la lumière se propageant dans ce plan est polarisée. Les effets de tous les trains d'ondes y sont additifs, alors que l'on n'observe qu'un effet moyen dans les autres plans.

On peut démontrer que les relations classiques de réflexion et de réfraction de part et d'autre d'un dioptre plan sont valables dans le cas de vibrations longitudinales polarisées dans le plan d'incidence ou dans le plan perpendiculaire. Le vecteur de Fresnel (induction électrique) serait remplacé par le vecteur déplacement de l'éther.

Pour les milieux anisotropes, un ellipsoïde des indices peut être défini, différent de l'ellipsoïde classique des indices, puisque la vibration est parallèle à la propagation et non pas perpendiculaire.

On a essayé enfin de rendre compte de la formation et de l'évolution de l'univers qu'on a supposé éternel et infini. Nous proposons que la matière se soit formée par la condensation des corpuscules en particules élémentaires, tout en conservant l'énergie et la masse inertielle totale des constituants.

Notre modèle n'implique pas de mouvements de matière dans l'univers, autres que ceux locaux, résultant des forces de gravitation. Il diffère de celui du Big Bang et de ceux des univers stationnaires.

La constante de gravitation décroîtrait jusqu'à zéro, lorsque tous les corpuscules auraient été condensés en matière.

La température et la vitesse de la lumière auraient légèrement diminué depuis l'origine.

Le décalage des raies caractéristiques de la lumière provenant des étoiles peut s'expliquer par la théorie de la « lumière fatiguée », qui peut rendre compte également de ce phénomène que l'on appelle « l'accélération de l'univers ». La constante de Hubble serait en fait variable et fonction de la longueur d'onde de la lumière et de la distance de la source.

Le fond diffus cosmologique serait celui produit par les corpuscules de l'univers, formant le corps noir à la température de 2,728°K.

Dans cet essai nous avons proposé des explications de certains phénomènes physiques plus simples et plus concrètes que celles actuellement fournies par le modèle standard.

D'autres théories peuvent certainement aboutir aux mêmes résultats et répondre aux questions que nous n'avons pas abordées et nous espérons que des chercheurs les imagineront et auront la possibilité de les faire connaître.

# REFERENCES


1] FATIO DE DUILLIER N. (1690) Lettre n° 2570, dans *Œuvres complètes* de Christiaan Huygens, Société Hollandaise des Sciences, La Haye, 9, 381-389.

2] LE SAGE G-L. (1761) *Essai de Chymie Méchanique*, non publié, exemplaire privé.

3] KELLER F. and KELLER EM. (1863) Mémoire sur la cause de la pesanteur et des effets attribués à l'attraction universelle. *Comptes Rendus*, 56, 530-533.

4] DE BOISBAUDRAN L. (1869) Note sur la théorie de la pesanteur. *Comptes Rendus*, 69, 703-705.

5] BOURBON B. (1948) *L'éther*. Dunod, Paris.

6] BERGER G. (2008) An alternative theory of gravitation, derived from the Fatio-Le Sage theory. *Apeiron*, 15, 235-253.

7] POHL R.*et al* (2010) The size of the proton. *Nature*, 466, 213-216.

8] THOMSON J. (1904) *Electricity and matter*, Archibald Constable and Co. Westminster.

9] POINCARE H. (1905) La dynamique de l'électron. *Comptes Rendus,* 140, 1504-1508.

10] VAN FLANDERN T. (1996) Possible New Properties of Gravity. *Astrophys. Space Sci.* 244, 249-296.

11] CHANDRASEKHAR S. (1931) The highly collapsed configurations of a stellar mass. *Mon. Not. Roy. Astron. Soc.* 91, 456-466.

12] OPPENHEIMER J. et VOLKOFF G. (1939) On Massive Neutron Cores. *Phys. Rev.* 55, 374-381.

13] FOMALONT E. et KOPEIKIN S. (2003) The Measurement of the Light Deflection from Jupiter. Experimental Results. *Astrophys. J.* 598, 704-711.

14] VAN NIEUWENHUTZ P. (2002) Nature *Science Update*. 1/16.

15] ASADA H. (2003) Comments on Measuring the Gravity Speed by LVBI. *XV^èmes^ Rencontres de Blois*, 15-20 juin.

16] WILL C. (2003) Propagation Speed of Gravity and Relativistic Time Delay. *Astrophys. J.* 590, 683-690.

17] SAMUEL S. (2004) On the Speed of Gravity and the Jupiter/Quasar Measurement. *Int. J. Mod. Phys.* D13, 1753-1770.

18] CARLIP S. (2004) Model Dependence of Shapiro Time Delay and the Speed of Gravity/Speed of Light Controversy. *Class. Quant. Grav.* 21, 3803-3812.

19] EINSTEIN A. (1911) Über der Einfluss der Schwerkraft auf die Ausbreitung des Lichtes. *Annalen der Physik*, 35, 898-908.

20] POUND R. and SNIDER J. (1964) Effect of Gravity on Nuclear Resonance. *Phys. Rev. Lett.* 13, 539-540.

21] SHAPIRO I. (1964) Fourth Test of General Relativity. *Phys. Rev. Lett.* 13, 789-791.

22] EINSTEIN A. (1915) Erklärung der Perihelbewegung der Merkur aus der Allgemeinen Relativitätstheorie. *Sitzungsberichte der Preussischen Akademie der Wißenschaften*, 2, 831-839.

23] FLECK J. Précession du périhélie de Mercure.
http://www.eleves.ens.fr/home/jfleck/TIPE/TIPE.ps.gz

24] HEISENBERG W. (1971) in *Physics and Beyond: Encounters and conversations* (Londres: George Allen & Unwin), page 63.

25] HUYGENS C. (1678) *Traité de la lumière*. Leyden.

26] BRADLEY J. (1728) An Account of a New Discovered Motion of the Fixed Stars. *Phil. Trans. R. Soc.* 35, 637-660.

27] MICHELSON A. et MORLEY W. (1886) Influence of Motion of the Medium on the Velocity of Light. *Am. J. Sci.* 31, 377-386.

28] FIZEAU H. (1851) Sur les hypothèses relatives à l'éther lumineux, et sur une expérience qui paraît démontrer que le mouvement des corps change la vitesse avec laquelle la lumière se propage dans leur intérieur. *Comptes Rendus*, 33, 349-355.

29] FRESNEL A. (1818) Lettre de M. Fresnel à M. Arago sur l'influence du mouvement terrestre dans quelques phénomènes d'optique. *Comptes Rendus*, 9, 57-66.

30] OSTREKER J. et STEINHARDT P. (2003) New Light on Dark Matter. *Science*, 300,1909-1913.

31] SRIANAND R., PETITJEAN P. ET LEDOUX C. (2000) The microwave background temperature at the redshift of 2.33771. *Nature*, 408, 931.

32] ZWICKY F. (1929) *Proc.Natl.Acad.Sci.*USA, 15, 773-779.

33] FINLEY-FREUNDLICH E. (1953) Theoretische Bemerkungen zu Freundlichs Formel für die stellare Rotverschiebung. *Nachrichten der Akademie der Wissenschaften in Göttingen.* 4, 96-108.

34] PECKER J.C, ROBERTS. et VIGIER J.P. (1972) Non velocity redshifts and photon-photon interactions. *Nature*, 237, 227-229.

35] EDWARDS M. (2007) Photon-Graviton recycling as cause of gravitation. *Apeiron*, 14,214-233.

36] MAMAS D. (2010) An explanation for the cosmological redshift. *Physics Essays,* 23, 326-329.

37] MASRELIEZ C. (2000) *The expanding Spacetime theory. A coherent wordlviewfrom cosmology to quantum.* Nu Inc. Corvallis, USA.

38] wiki/Atténuation et wiki/Affaiblissement_de_propagation.

# REMERCIEMENTS

Je remercie Yves Ripoll pour ses encouragements et son aide matérielle pour réaliser mes calculs.

Ce travail aurait été différent si mon beau-frère Georges Angerand n'avait pas eu dans sa bibliothèque le livre d'un de ses professeurs, B. Bourbon, *L'éther*.

J'ai une pensée reconnaissante pour tous les enseignants qui m'ont apporté les connaissances classiques et appris à raisonner.

Merci aussi tendrement à Monique pour son soutien, ses conseils et la mise en forme informatique du manuscrit, que je n'ai pas eu la patience de faire.

Je dédie ce livre à mes enfants Catherine, Laurent et Géraldine, à mes petits-enfants Elisa et Ulysse, ainsi qu'à la mémoire de mes parents et de mes grands-parents.

# TABLE DES MATIERES

# Sciences aux éditions L'Harmattan

## *Dernières parutions*

**LE VÉGÉTAL DANS L'INDUSTRIE CHIMIQUE**
**Stratégies et développement**
*Szydlowski Léa – Préface de Claude Roy*
*Avec le concours du CLUB des bio-économistes et de l'Association Chimie du Végétal*
L'industrie chimique utilise essentiellement le pétrole et le gaz comme matières premières. Quelle autre ressource, riche en carbone, permet de venir en renfort de la chimie ? Le végétal. Renouvelable, productible localement, moins polluant, il est bien perçu par le consommateur et riche en propriétés inédites capables de créer des produits innovants à forte valeur ajoutée. Cet ouvrage présente les stratégies mises en place pour introduire la chimie du végétal dans le paysage industriel.
*(Coll. Développement durable, 19.00 euros, 182 p.)*
*ISBN : 978-2-343-12870-2, ISBN EBOOK : 978-2-14-005288-0*

**LES ILLUSIONS D'OPTIQUE**
**Une introduction à la pensée quantique du quotidien**
*Bolot Xavier*
Nous observons dans nos pensées des hésitations, des oscillations entre des vues diverses, des superpositions de sentiments, des intrications d'influences, des incertitudes de variables observées, de même que des intentions et des actions hors de toute logique. Ces schémas mentaux sont connus grâce à la physique quantique. Ils sont également là quand nous voulons comprendre la complexité des domaines dans lesquels nous sommes immergés, par exemple en illusions d'optique, arts, physique, etc., qui semblent liés aux structures neuronales. Nos découvertes révéleraient les schémas inconscients du traitement de nos perceptions.
*(Coll. Pour Comprendre, 20.50 euros, 188 p.)*
*ISBN : 978-2-343-13164-1, ISBN EBOOK : 978-2-14-005083-1*

**VOLCANOLOGUE**
*Bardintzeff Jacques-Marie*
En retraçant l'expérience réussie de sa vocation scientifique, l'auteur nous offre également, dans ce livre tout en couleurs et très illustré, une véritable initiation à la géologie et la volcanologie. Dans son récit, il nous révèle les réalités d'un métier hors du commun qui suscite des vocations autant qu'il continue de soulever des passions. Cet ouvrage permet de le suivre dans le feu de l'action, au fil d'un texte illustré de plus de 150 photographies et enrichi de 19 encadrés portant sur le volcanisme et les sciences de la Terre (illustré de plus de 150 photographies et en couleurs).
*(25.00 euros, 176 p.)*
*ISBN : 978-2-343-12326-4, ISBN EBOOK : 978-2-14-004519-6*

**DRAGONS FURIEUX**
**Les avions spatiaux chinois**
*Coué Philippe*
Les prochaines navettes spatiales pourraient être chinoises ! Pendant longtemps, la Chine se bornait à mettre sur orbite des satellites. La technique s'est perfectionnée et a élevé les ambitions de l'empire du Milieu jusqu'au lancement de ses premiers cosmonautes et sondes d'exploration.

Les ingénieurs chinois réussiront-ils à surmonter les obstacles techniques sur lesquels buttent encore leurs collègues des autres puissances spatiales ? L'aérospatiale chinoise pourrait bientôt aboutir à des réalisations concrètes tant civiles que militaires.
*(Coll. Penser le temps présent, 22.00 euros, 214 p.)*
*ISBN : 978-2-343-12112-3, ISBN EBOOK : 978-2-14-004461-8*

**ONTOGÉNÈSE ET VARIATIONS GÉNÉTIQUES DE L'ARCHITECTURE DU SYSTÈME RACINAIRE DES MONO ET DICOTYLÉDONES MODÈLES**
*Varin Sébastien*
Dans un contexte de changements globaux mondiaux, les plantes modèles sont prévues pour servir comme aide importante dans la compréhension du développement, de mécanismes de communications, de la production d'énergies, biocarburants, matériaux, aliments à partir des plantes. Interface biologique majeure au rôle clef dans un grand nombre de processus et en raison de sa sensibilité à l'environnement, le système racinaire sera présenté puisqu'il démontre une plasticité considérable mais contrainte génétiquement. Cette synthèse correspond au deuxième point d'une étude constituée de quatre tomes.
*(26.50 euros, 254 p.)*
*ISBN : 978-2-343-10045-6, ISBN EBOOK : 978-2-14-003146-5*

**PLASTICITÉ ET INSTABILITÉ DÉVELOPPEMENTALE**
**Concept en biologie – Exemple des végétaux**
*Varin Sébastien*
La plasticité est une idée introduite par Woltereck en 1909, juste après la séparation conceptuelle du génotype et du phénotype par Johannsen. Depuis, le caractère plastique des traits et le caractère évolutif du phénomène de plasticité ont été négligés. Or, Darwin l'avait prédit en signalant qu'il n'avait pas suffisamment insisté sur le rôle de l'environnement dans sa théorie de l'évolution. Cette étude est basée sur une rétrospective clarifiée du concept de Plasticité dans le monde animal et végétal. Cette synthèse correspond au premier point d'une étude constituée de quatre tomes.
*(30.00 euros, 290 p.)*
*ISBN : 978-2-343-10046-3, ISBN EBOOK : 978-2-14-003147-2*

**IMPLICATION DES BACTÉRIES SOLVANTOGÈNES ET RHIZOBACTÉRIES ÉMETTRICES DE COV DANS LES CHANGEMENTS GLOBAUX ET LA PLASTICITÉ**
*Varin Sébastien*
Les composés organiques volatils participent à des phénomènes perturbant les équilibres de l'atmosphère et contribuent aux changements globaux. Ils sont surtout émis par les sources biogènes. Ce livre est le quatrième point d'une étude composée de quatre tomes. Il s'intègre parfaitement dans une optique philosophique de biomimétisme. Il présente : les connaissances actuelles des échanges d'informations médié par des volatils entre les bactéries, les plantes et mammifères comme l'homme, et enfin, les perspectives techniques du concept de Plasticité des organismes dans ce contexte de changements globaux.
*(45.00 euros, 542 p.)*
*ISBN : 978-2-343-10043-2, ISBN EBOOK : 978-2-14-003264-6*

**RHIZOBACTÉRIES ET PGPR ÉMETTRICES DE COMPOSÉS ORGANIQUES VOLATILS ET IMPLICATION PERMACULTURALE-AGRO-ÉCOLOGIQUE**
*Varin Sébastien*
Les systèmes agricoles durables (biodynamie, agroforesterie, agroécologie et permaculture) reposent sur une cohérence milieu-système très forte, où le contexte pédoclimatique a une grande importance. L'équilibre de ce milieu vivant et complexe dépend de celui des hommes, des animaux, des plantes et des micro-organismes du sol. Ces derniers représentent une importante part de la biodiversité de la planète. C'est à ce compartiment vivant et aux effets des rhizobactéries sur la plasticité des plantes, qu'est consacré ce livre correspondant au troisième point d'une étude constituée de quatre tomes.
*(35.50 euros, 344 p.)*
*ISBN : 978-2-343-10044-9, ISBN EBOOK : 978-2-14-003265-3*

## BAROMÈTRES, MACHINES PNEUMATIQUES ET THERMOMÈTRES

**Chez et autour de Pascal, d'Amontons et de Réaumur**

*Locqueneux Robert*

Cet ouvrage présente à la fois une histoire et une anthologie des travaux de quelques physiciens qui ont conçu et fabriqué des baromètres, des machines à vide et des thermomètres, instruments qui, en leur temps (XVIe et XVIIIe siècles), furent des inventions nouvelles. Les travaux de trois auteurs sont privilégiés : Pascal, Amontons et Réaumur avec une remise en contexte de leurs ouvrages, des événements qui les motivent, des travaux qui les inspirent, des questions qu'ils se posent et des phénomènes qu'ils veulent interpréter.

*(Coll. Acteurs de la Science, 21.00 euros, 204 p.)*

*ISBN : 978-2-343-04995-3, ISBN EBOOK : 978-2-336-37182-5*

## MILLE ANS D'ASTRONOMIE ET DE GÉOPHYSIQUE

**D'Aristote au haut Moyen Âge**

*De Felice Pierre*

Le ciel et la terre sont observés depuis la plus haute antiquité. Ne disposant pas d'instruments de mesure appropriés, les hommes proposent des explications incluant l'action divine ou s'en affranchissant. D'Aristote (IVe siècle avant J.-C.) jusqu'à Isidore de Séville (VIe-VIIe siècles après J.-C.), les auteurs grec, latin, médiéval ont compilé et décrit les connaissances de leur temps sur les astres, les phénomènes atmosphériques et géophysiques en tentant de démythifier le monde qui les entoure. Ce livre illustre aussi le difficile processus de naissance de la connaissance.

*(Coll. Acteurs de la Science, 14.00 euros, 128 p., Illustré en noir et blanc)*

*ISBN : 978-2-343-03816-2, ISBN EBOOK : 978-2-336-36544-2*

## CE MONDE QUI VIENT

**Sciences, matérialisme et posthumanisme au XXIe siècle**

*Basquiat Jean-Paul - Préface de Paul Basquiat*

Le monde qui vient sera ce que nous en ferons. Encore faut-il avoir le courage de regarder l'avenir en face. C'est à cet effort salutaire que cet opuscule invite le lecteur. Appuyé sur les recherches les plus pointues, il propose de décrypter sous tous ses aspects le monde nouveau porté par l'évolution des sciences et des techniques.

*(Coll. Questions contemporaines, 10.00 euros, 66 p.)*

*ISBN : 978-2-343-05055-3, ISBN EBOOK : 978-2-336-36475-9*

## MANUEL DES PROBABILITÉS OU MATHÉMATIQUES DE L'INCERTAIN

*Laloire Jean-Claude - Préface de Michel Delecroix*

Ce manuel présente les aspects pratiques de l'analyse des données et les aspects théoriques des probabilités. Cela permet à la fois de comprendre les phénomènes observés, d'en déduire une prévision et ainsi de se projeter vers l'avenir avec un maximum de sécurité. Les méthodes proposées s'appliquent aussi bien aux sciences humaines qu'aux sciences biologiques et médicales et sont mises en pratique à l'aide de nombreux exercices corrigés.

*(48.00 euros, 504 p.)*

*ISBN : 978-2-343-04627-3, ISBN EBOOK : 978-2-336-36043-0*

## LA VALEUR DE L'ESPÈCE

**La biodiversité en questions**

*Lherminier Philippe*

Philippe Lherminier est généticien; il propose de s'interroger sans faux-semblant sur la valeur de l'espèce. Que perd-on lorsqu'une espèce s'éteint ? Quelle valeur disparaît ? Il y a de multiples réponses : l'espèce vaut parce qu'elle est utile ou inutile, abondante ou rare, connue ou inconnue, ancienne ou récente, proche ou lointaine, ressemblante ou différente de l'homme, comprise ou mystérieuse.

*(Coll. Acteurs de la Science, 13.50 euros, 128 p.)*

*ISBN : 978-2-343-04141-4, ISBN EBOOK : 978-2-336-35913-7*

**QUESTIONNEMENTS D'UN OCÉANOGRAPHE**
**Une immersion dans le monde de la recherche et les questions éthiques qu'elle soulève**
*Pichevin Thierry*
Ce livre décrit de l'intérieur le travail de recherche en océanographie physique de Thierry Pichevin, son contexte, ses méthodes et ses enjeux procurant ainsi au lecteur une immersion dans le quotidien d'un chercheur. D'autre part, il procède à l'analyse éthique rigoureuse des questionnements rencontrés, tout en montrant que tout chercheur peut être confronté à des questionnements comparables.
*(22.00 euros, 226 p.)*
*ISBN : 978-2-343-03444-7, ISBN EBOOK : 978-2-336-35786-7*

**À L'OMBRE DES FORÊTS**
**Usages, images et imaginaires de la forêt**
*Sous la direction de Philippe Billet, Claire Harpet et Jean-Philippe Pierron*
Qu'est-ce qu'une forêt ? De quoi sont faites les forêts ? Nous construisons tous une image de la forêt empreinte de vécus et d'imaginaires, procédant d'une accumulation de souvenirs, de connaissances et de représentations médiatiques et institutionnelles. A l'aune d'une prise de conscience de la finitude des ressources naturelles et du changement climatique, il est fondamental de savoir ce que la «forêt» veut dire.
*(Coll. Éthique, droit et développement durable, 26.00 euros, 248 p.)*
*ISBN : 978-2-343-02807-1, ISBN EBOOK : 978-2-336-35819-2*

**UN BOTANISTE AUTOUR DU MONDE**
**Afrique, Amérique, Australie**
*Delange Yves*
L'auteur, botaniste, nous invite à la découverte des différents milieux naturels peu connus des Européens, notamment ceux encore peu altérés par la civilisation et caractéristiques de formations extrêmement riches sur le plan de la diversité biologique, tels que les mattorales ou hauts plateaux mexicains, le bush, le veld et le fynbos en Afrique australe, ou encore le mulga, le mallee et la jarrah forest australiens.
*(Coll. Biologie, écologie, agronomie, 25.00 euros, 256 p.)*
*ISBN : 978-2-343-03492-8, ISBN EBOOK : 978-2-336-35415-6*

**CHERCHEURS, ÉTHIQUES ET SOCIÉTÉS**
**L'avenir de l'avenir**
*Patrice Thierry*
Peu appréhendée par les décideurs, la biologie conditionnera nos sociétés, les rapports entre les hommes, entre eux et l'environnement. Le monde de la recherche est mal connu, parfois mal aimé ou craint. Il semble donc utile d'instituer un débat pour préciser les objectifs, les moyens, l'information et la vulgarisation, la propriété des résultats et l'appréhension des conséquences de la recherche en biologie.
*(Coll. Ethique et pratique médicale, 31.00 euros, 298 p.)*
*ISBN : 978-2-296-57790-9, ISBN EBOOK : 978-2-296-50418-9*

**CAMILLE ARAMBOURG. UN PALÉONTOLOGUE, DE L'ALGÉRIE À L'AFRIQUE PROFONDE**
*Hadjouis Djillali - Préface de Yves Coppens*
Depuis les plaines sahéliennes d'Oran à la Vallée de l'Omo en Éthiopie, en passant par les côtes du littoral atlantique, jusqu'au Moyen-Orient, Camille Arambourg aura fait connaître, au cours de ses recherches, non seulement les fossiles de l'Afrique mais également ceux des autres régions du monde. Ce livre retrace le parcours de cet homme qui identifia plus de 230 taxons (familles, genres, espèces) de mammifères et de poissons.
*(Coll. Acteurs de la Science, 25.00 euros, 242 p.)*
*ISBN : 978-2-296-96391-7*

**L'HARMATTAN ITALIA**
Via Degli Artisti 15; 10124 Torino
harmattan.italia@gmail.com

**L'HARMATTAN HONGRIE**
Könyvesbolt ; Kossuth L. u. 14-16
1053 Budapest

**L'HARMATTAN KINSHASA**
185, avenue Nyangwe
Commune de Lingwala
Kinshasa, R.D. Congo
(00243) 998697603 ou (00243) 999229662

**L'HARMATTAN CONGO**
67, av. E. P. Lumumba
Bât. – Congo Pharmacie (Bib. Nat.)
BP2874 Brazzaville
harmattan.congo@yahoo.fr

**L'HARMATTAN GUINÉE**
Almamya Rue KA 028, en face
du restaurant Le Cèdre
OKB agency BP 3470 Conakry
(00224) 657 20 85 08 / 664 28 91 96
harmattanguinee@yahoo.fr

**L'HARMATTAN MALI**
Rue 73, Porte 536, Niamakoro,
Cité Unicef, Bamako
Tél. 00 (223) 20205724 / +(223) 76378082
poudiougopaul@yahoo.fr
pp.harmattan@gmail.com

**L'HARMATTAN CAMEROUN**
TSINGA/FECAFOOT
BP 11486 Yaoundé
699198028/675441949
harmattancam@yahoo.com

**L'HARMATTAN CÔTE D'IVOIRE**
Résidence Karl / cité des arts
Abidjan-Cocody 03 BP 1588 Abidjan 03
(00225) 05 77 87 31
etien_nda@yahoo.fr

**L'HARMATTAN BURKINA**
Penou Achille Some
Ouagadougou
(+226) 70 26 88 27

**L'HARMATTAN SÉNÉGAL**
10 VDN en face Mermoz, après le pont de Fann
BP 45034 Dakar Fann
33 825 98 58 / 33 860 9858
senharmattan@gmail.com / senlibraire@gmail.com
www.harmattansenegal.com

www.ingramcontent.com/pod-product-compliance
Lightning Source LLC
LaVergne TN
LVHW051359061026
849535LV00009B/3273
* 9 7 8 2 3 4 3 1 3 9 5 3 1 *